数 字 艺 术 精 品 课 程 培 训 教 材

中文版

# After Effects 2022
# 基础培训教程

数字艺术教育研究室 编著

U0390168

人民邮电出版社

北京

**图书在版编目（CIP）数据**

中文版After Effects 2022基础培训教程 / 数字艺
术教育研究室编著. -- 北京 ：人民邮电出版社，
2024.3
ISBN 978-7-115-62743-8

Ⅰ．①中… Ⅱ．①数… Ⅲ．①图像处理软件－教材
Ⅳ．①TP391.413

中国国家版本馆CIP数据核字(2023)第184203号

## 内 容 提 要

本书全面、系统地介绍了 After Effects 2022 的基本操作方法和影视后期制作技巧，包括 After Effects 入门知识、图层的应用、制作蒙版动画、应用时间轴制作效果、创建文字、应用效果、跟踪与表达式、抠像、添加声音效果、制作三维合成特效、渲染与输出及商业案例实训等内容。

本书以课堂案例为主线，通过对各案例实际操作的讲解，带领读者快速熟悉软件功能和影视后期制作思路。书中的软件功能解析部分可以使读者深入学习软件功能和影视后期制作技巧；课堂练习和课后习题可以拓展读者的实际应用能力；商业案例实训可以帮助读者快速掌握影视后期的设计理念，使读者顺利达到实战水平。

本书的配套资源包括书中所有案例的素材、效果文件和在线教学视频，以及教师专享的教学大纲、教案、PPT 课件、教学题库等，读者可通过在线方式获取这些资源，具体方法请参看本书前言。

本书适合作为院校和培训机构艺术专业课程的教材，也可作为 After Effects 自学人士的参考用书。

◆ 编　　著　数字艺术教育研究室
　　责任编辑　张丹丹
　　责任印制　马振武

◆ 人民邮电出版社出版发行　　北京市丰台区成寿寺路 11 号
　　邮编　100164　　电子邮件　315@ptpress.com.cn
　　网址　https://www.ptpress.com.cn
　　保定市中画美凯印刷有限公司印刷

◆ 开本：775×1092　1/16
　　印张：14.5　　　　　　　　2024 年 3 月第 1 版
　　字数：345 千字　　　　　　2024 年 3 月河北第 1 次印刷

定价：59.80 元

读者服务热线：(010)81055410　印装质量热线：(010)81055316
反盗版热线：(010)81055315
广告经营许可证：京东市监广登字 20170147 号

# 前 言

After Effects，简称AE，是由Adobe公司开发的一款动态图形和视觉特效制作软件。After Effects拥有强大的视频编辑和动画制作工具，可以创建影片字幕、片头、片尾和过渡效果，可以完成视频特效设计制作和动画设计制作等工作，深受影视后期制作人员、动画设计人员和影视制作爱好者的喜爱。该软件适用于电视台、影视后期公司、动画制作公司、新媒体工作室等视频编辑和设计机构。

为了广大读者能更好地学习After Effects软件，数字艺术教育研究室根据多年经验编写了针对这一软件的基础教程。本书全面贯彻党的二十大精神，以社会主义核心价值观为引领，传承中华优秀传统文化，坚定文化自信，更好地体现时代性，把握规律性，富于创造性。

## 如何使用本书

**01**　精选基础知识，快速了解 After Effects

基础知识

### 1.1.1 菜单栏

菜单栏几乎是所有软件都有的重要界面要素之一，它包含软件全部功能的命令。After Effects 2022提供了9个菜单，分别为文件、编辑、合成、图层、效果、动画、视图、窗口、帮助，如图1-1所示。

> Ai Adobe After Effects 2022 - 无标题项目.aep　　　— □ ×
> 文件(F)　编辑(E)　合成(C)　图层(L)　效果(T)　动画(A)　视图(V)　窗口　帮助(H)

图1-1

**02**　课堂案例 + 软件功能解析，边做边学软件功能，熟悉设计思路

精选典型
商业案例

### 2.3.1 课堂案例——海上动画

了解目标
和要点

案例学习目标 学习使用图层的属性制作关键帧动画。

案例知识要点 使用"导入"命令导入素材，使用"位置"属性制作波浪动画，使用"位置"属性、"缩放"属性和"不透明度"属性制作最终效果。海上动画效果如图2-49所示。

案例所在位置 Ch02\海上动画\海上动画.aep。

图2-49

**1. 导入素材并制作波浪动画**

**01** 按Ctrl+N快捷键，弹出"合成设置"对话框，在"合成名称"文本框中输入"波浪动画"，其他选

案例步骤
详解

项的设置如图2-50所示，单击
"确定"按钮，创建一个新的
合成"波浪动画"。选择"文
件 > 导入 > 文件"命令，弹出
"导入文件"对话框，选择学
习资源中的"Ch02\海上动画\
(Footage) \01.jpg ~ 08.png"
文件，单击"导入"按钮，导入
图片到"项目"面板中，如图
2-51所示。

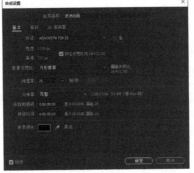

图2-50

图2-51

完成案例
后，深入
学习软件
功能

## 2.3.2 图层的5个基本变化属性

除了单独的音频图层外，各类型图层至少有5个基本变化属性，它们分别是锚点、位置、缩放、旋转和不透明度。单击"时间轴"面板中图层色彩标签前面的展开按钮▶，找到"变换"属性，再单击"变换"左侧的展开按钮▶，展开其中各个变换属性的具体参数，如图2-81所示。

**03** 课堂练习 + 课后习题，拓展应用能力

# 课堂练习——保留颜色

练习课堂
所学知识

`练习知识要点` 使用"曲线"命令、"保留颜色"命令、"色相/饱和度"命令调整图片局部的颜色效果，使用横排文字工具输入文字。保留颜色效果如图6-309所示。

`效果所在位置` Ch06\保留颜色\保留颜色.aep。

图6-309

# 课后习题——随机线条

巩固本章
所学知识

`习题知识要点` 使用"照片滤镜"命令和"自然饱和度"命令调整视频的色调，使用"分形杂色"命令制作随机线条效果。随机线条效果如图6-310所示。

`效果所在位置` Ch06\随机线条\随机线条.aep。

图6-310

电子相册

网络广告

特效应用

纪录片

栏目

片头

宣传片

短片

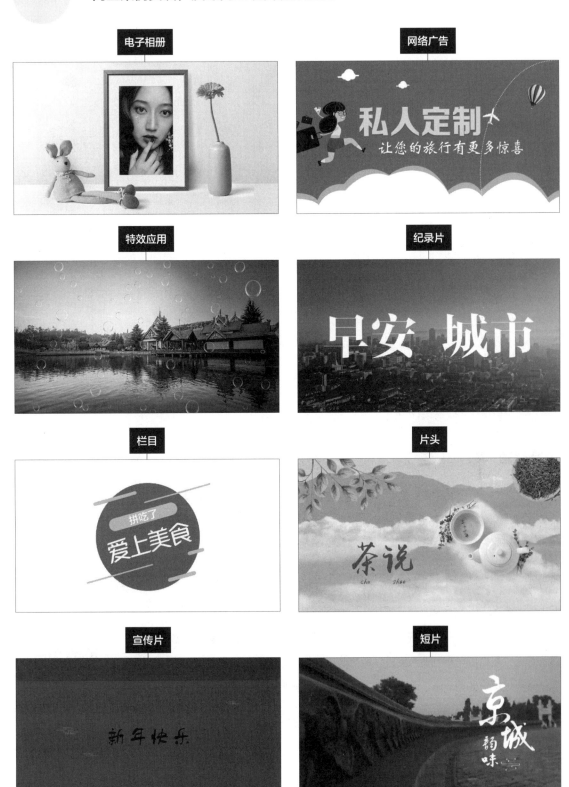

## 教学指导

本书的参考学时为64学时，其中讲授环节为38学时，实训环节为26学时，各章的参考学时可以参见下面的学时分配表。

| 章 | 课程内容 | 学时分配 | |
|---|---|---|---|
| | | 讲授 | 实训 |
| 第 1 章 | After Effects 入门知识 | 2 | — |
| 第 2 章 | 图层的应用 | 4 | 2 |
| 第 3 章 | 制作蒙版动画 | 4 | 2 |
| 第 4 章 | 应用时间轴制作效果 | 4 | 2 |
| 第 5 章 | 文字 | 2 | 2 |
| 第 6 章 | 应用效果 | 4 | 2 |
| 第 7 章 | 跟踪与表达式 | 2 | 2 |
| 第 8 章 | 抠像 | 2 | 2 |
| 第 9 章 | 添加声音效果 | 4 | 2 |
| 第 10 章 | 制作三维合成特效 | 4 | 2 |
| 第 11 章 | 渲染与输出 | 2 | — |
| 第 12 章 | 商业案例实训 | 4 | 8 |
| 学时总计 | | 38 | 26 |

## 配套资源

● **学习资源**

案例素材文件　最终效果文件　在线教学视频　赠送扩展案例

● **教师资源**

教学大纲　授课计划　电子教案　PPT 课件

教学案例　实训项目　教学视频　教学题库

这些学习资源文件均可在线获取，扫描"资源获取"二维码，关注"数艺设"的微信公众号，即可得到资源文件获取方式，并且可以通过该方式获得在线教学视频的观看地址。如需资源获取技术支持，请致函szys@ptpress.com.cn。

提示：微信扫描二维码关注公众号后，输入51页左下角的5位数字，获得资源获取帮助。

资源获取

## 教辅资源表

本书提供的教辅资源可参见下面的教辅资源表。

| 教辅资源类型 | 数量 | 教辅资源类型 | 数量 |
| --- | --- | --- | --- |
| 教学大纲 | 1 套 | 课堂案例 | 28 个 |
| 电子教案 | 12 个单元 | 课堂练习 | 13 个 |
| PPT 课件 | 12 个 | 课后习题 | 13 个 |

## 与我们联系

我们的联系邮箱是 szys@ptpress.com.cn。如果您对本书有任何疑问或建议，请您发邮件给我们，并请在邮件标题中注明本书书名及ISBN，以便我们更高效地做出反馈。

如果您有兴趣出版图书、录制教学课程，或者参与技术审校等工作，可以发邮件给我们。如果学校、培训机构或企业想批量购买本书或"数艺设"出版的其他图书，也可以发邮件联系我们。

## 关于"数艺设"

人民邮电出版社有限公司旗下品牌"数艺设"，专注于专业艺术设计类图书出版，为艺术设计从业者提供专业的图书、视频电子书、课程等教育产品。出版领域涉及平面、三维、影视、摄影与后期等数字艺术门类，字体设计、品牌设计、色彩设计等设计理论与应用门类，UI设计、电商设计、新媒体设计、游戏设计、交互设计、原型设计等互联网设计门类，环艺设计手绘、插画设计手绘、工业设计手绘等设计手绘门类。更多服务请访问"数艺设"社区平台www.shuyishe.com。我们将提供及时、准确、专业的学习服务。

# 目 录

# 第7章 跟踪与表达式

# 第8章 抠像

# 第9章 添加声音效果

# 第10章 制作三维合成特效

# 第11章 渲染与输出

# 第12章 商业案例实训

# 第 1 章

## After Effects入门知识

**本章介绍**

　　本章介绍After Effects 2022的工作界面、软件相关的基础知识，以及文件格式、视频输出和视频参数设置等内容。读者通过对本章的学习，可以快速了解并掌握After Effects的入门知识，为后面的学习打下坚实的基础。

**学习目标**

●熟悉After Effects 2022的工作界面

●了解软件相关的基础知识

●了解文件格式及视频的输出

**技能目标**

●熟练掌握软件相关基础知识

●熟练掌握常用图像格式

●熟练掌握常用音频与视频编码格式

# 1.1 After Effects的工作界面

After Effects允许用户定制工作界面的布局，可以根据需要移动和重新组合各个面板。下面将详细介绍常用的界面元素。

## 1.1.1 菜单栏

菜单栏几乎是所有软件都有的重要界面要素之一，它包含软件全部功能的命令。After Effects 2022提供了9个菜单，分别为文件、编辑、合成、图层、效果、动画、视图、窗口、帮助，如图1-1所示。

图1-1

## 1.1.2 "项目"面板

导入After Effects 2022中的所有文件、创建的所有合成文件、图层等，都可以在"项目"面板中找到，并可以清楚地看到每个文件的名称、类型、大小、帧速率、入点、出点和文件路径等，当选中某一个文件时，可以在"项目"面板的上部查看对应的缩略图和属性，如图1-2所示。

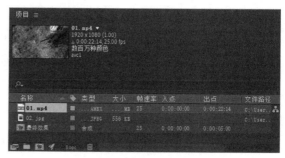

图1-2

## 1.1.3 "工具"面板

"工具"面板中包括经常使用的工具，有些工具按钮的右下角带有三角形标记，表示这是工具组，含有多个工具，例如，在矩形工具▣上按住鼠标左键不放，会展开工具列表，拖动鼠标可选择具体的工具。

"工具"面板中的工具如图1-3所示，包括选取工具▶、手形工具👋、缩放工具🔍、绕光标旋转工具🔄、在光标下移动工具➕、向光标方向推拉镜头工具⬇、旋转工具🔁、向后平移（锚点）工具🔲、矩形工具▣、钢笔工具🖋、横排文字工具🅃、画笔工具🖌、仿制图章工具🔲、橡皮擦工具🔲、Roto笔刷工具🔲、人偶位置控点工具🔲、本地轴模式🔲、世界轴模式🔲、视图轴模式🔲等。

图1-3

## 1.1.4 "合成"面板

"合成"面板可直接显示出素材组合效果处理后的合成画面。该面板不仅具有预览功能，还具有控制和管理素材、缩放面板比例、设置当前时间、设置分辨率、设置图层线框、设置3D视图模式和标尺等功能，是After Effects 2022中非常重要的工作面板，如图1-4所示。

图1-4

## 1.1.5 "时间轴"面板

"时间轴"面板可以精确设置合成中各种素材的位置、时间、效果和属性等，可以进行影片的合成，还可以进行图层的顺序调整和关键帧动画的制作，如图1-5所示。

图1-5

# 1.2 软件相关的基础知识

在常见的影视制作中，素材的输入和输出格式的设置不统一，视频标准多样化，都会导致视频产生变形、抖动等错误，还会出现视频分辨率和像素比发生变化。这些都是在制作前需要了解清楚的。

## 1.2.1 像素长宽比

不同规格的显示设备，像素的长宽比是不一样的。在计算机中播放时，使用方形像素；在电视上播放时，使用D1/DV PAL（1.09）的像素比，以保证在实际播放时画面不变形。

选择"合成 > 新建合成"命令，在打开的对话框中设置相应的像素长宽比，如图1-6所示。

选择"项目"面板中的视频素材，选择"文件 > 解释素材 > 主要"命令，打开图1-7所示的对话框，在这里可以对导入的素材进行设置，包括设置透明度、帧速率、场和像素长宽比等。

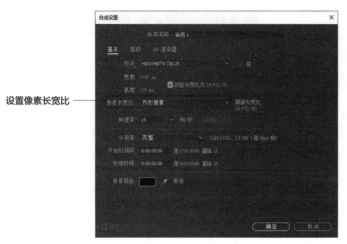

设置像素长宽比——

图1-6 图1-7

## 1.2.2 分辨率

普通电视和DVD的分辨率是720像素×576像素。在软件中进行设置时应尽量使用同一尺寸，以保证分辨率的统一。

分辨率过大的图像在制作时会占用大量的时间和计算机资源，分辨率过小的图像播放时会不够清晰。

选择"合成 > 新建合成"命令，或按Ctrl+N快捷键，在弹出的对话框中进行设置，如图1-8所示。

图1-8

## 1.2.3 帧速率

PAL制式的播放设备每秒可以播放25幅画面，也就是每秒25帧，只有使用正确的帧速率，才能流畅地播放动画。过高的帧速率会导致资源浪费，过低的帧速率会使画面播放不流畅，从而产生抖动。

选择"文件 > 项目设置"命令，或按Ctrl+Alt+Shift+K快捷键，在弹出的对话框中设置帧速率，如图1-9所示。

图1-9

**提示** 这里设置的是时间轴的显示方式。如果要按帧制作动画，可以选择帧方式显示，这样不会影响最终的动画帧速率。

也可选择"合成 > 新建合成"命令，在弹出的对话框中设置帧速率，如图1-10所示。

选择"项目"面板中的视频素材，选择"文件 > 解释素材 > 主要"命令，在弹出的对话框中修改帧速率，如图1-11所示。

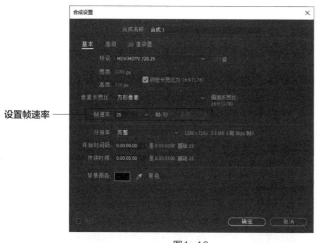

设置帧速率 ——

—— 修改帧速率

图1-10　　　　　　　　　　　　　　图1-11

**提示** 如果是动画序列，需要将帧速率值设置为每秒25帧；如果是动画文件，则不需要修改帧速率，因为动画文件会自动包含帧速率信息，并且会被After Effects识别，如果修改这个设置会改变原有动画的播放速度。

## 1.2.4　安全框

安全框是画面可以被用户看到的范围。安全框以外的部分电视设备将不会显示，安全框以内的部分可以完全显示。

单击"选择网格和参考线选项"按钮，在弹出的菜单中选择"标题/动作安全"选项，即可打开安全框参考可视范围，如图1-12所示。

图1-12

## 1.2.5　场

场是隔行扫描的产物，扫描一帧画面时由上到下扫描，先扫描奇数行，再扫描偶数行，两次扫描完成可得到一幅图像。由上到下扫描一次叫作一个场，一幅画面需要两个场来扫描完成。如果每秒播放25帧画面，则需要由上到下扫描50次，也就是每个场间隔1/50s。如果要制作奇数行和偶数行间隔1/50s的有场图像，就可以在隔行扫描的每秒25帧的电视上显示50幅画面。画面多了视频自然变得流畅，跳动的效果就会减弱，但是场会加重图像锯齿。

要在After Effects中将有场的文件导入，可以选择"文件 > 解释素材 > 主要"命令，在弹出的对话框中进行设置，如图1-13所示。这个步骤叫作"分离场"，如果选择"高场优先"，并且在制作过程中加入了后期效果，那么在最终渲染输出的时候，输出文件必须带场，才能将"低场"加入后期效果；否则"低场"就会被自动丢弃。

在After Effects中输出有场的文件的相关操作如下。

按Ctrl+M快捷键，弹出"渲染队列"面板，单击"最佳设置"按钮，在弹出的"渲染设置"对话框的"场渲染"下拉列表中选择输出场的方式，如图1-14所示。

如果出现画面跳格，是因为30帧转换为25帧后造成帧丢失，需要选择3:2 Pulldown的场偏移方式。

图1-13

图1-14

## 1.2.6 运动模糊

运动模糊会产生拖尾效果，使每帧画面更接近，以减少每帧之间因为画面差距大而引起的闪烁或抖动，但这要牺牲图像的清晰度。

按Ctrl+M快捷键，弹出"渲染队列"面板，单击"最佳设置"按钮，在弹出的"渲染设置"对话框中进行运动模糊设置，如图1-15所示。

图1-15

## 1.2.7 帧混合

帧混合是用来消除画面轻微抖动的方法，有场的素材也可以用它来抗锯齿，但效果有限。在After Effects中帧混合的设置如图1-16所示。

按Ctrl+M快捷键，弹出"渲染队列"面板，单击"最佳设置"按钮，在弹出的"渲染设置"对话框中设置帧混合参数，如图1-17所示。

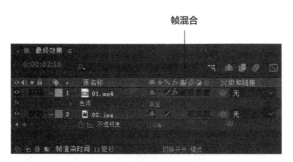

图1-16

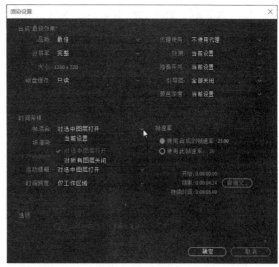

图1-17

## 1.2.8　抗锯齿

锯齿的出现会使图像变得粗糙，不精细。提高图像质量是消除锯齿的主要办法，但有场的图像需要通过添加运动模糊效果、牺牲清晰度来抗锯齿。

按Ctrl+M快捷键，弹出"渲染队列"面板，单击"最佳设置"按钮，在弹出的"渲染设置"对话框中设置抗锯齿参数，如图1-18所示。

如果是矢量图像，可以单击█按钮，一帧一帧地对矢量图重新计算分辨率，如图1-19所示。

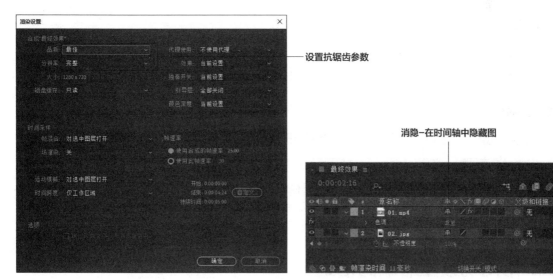

图1-18

图1-19

# 1.3 文件格式及视频的输出

After Effects支持图形图像文件格式、常用视频压缩编码格式、常用音频压缩编码格式等多种文件格式。另外，在输出视频时，需要按照视频输出的要求进行一定的设置。

## 1.3.1 常用图形图像文件格式

### 1. GIF格式

GIF是8位图像的文件格式，支持透明背景，采用无损压缩技术，多用于网页制作和网络传输。

### 2. JPEG格式

JPEG格式采用的是静止图像压缩编码技术，是目前网络上应用较广的图像格式，支持不同程度的压缩比。

### 3. BMP格式

BMP格式被多种图形图像处理软件所支持和使用。它是位图格式，有单色位图、16色位图、256色位图、24位真彩色位图等。

### 4. PSD格式

PSD格式是Adobe公司开发的图像处理软件Photoshop所使用的图像格式，它能保留Photoshop制作流程中各图层的图像信息，越来越多的图像处理软件开始支持这种文件格式。

### 5. TIFF格式

TIFF格式是Aldus和微软公司为扫描仪和台式计算机上的出版软件开发的图像文件格式。它定义了黑白图像、灰度图像和彩色图像的存储格式，格式可长可短，与操作系统平台及软件无关，扩展性好。

### 6. EPS格式

EPS格式包含矢量图和位图，几乎支持所有的图形和页面排版程序。EPS格式用于在应用程序间传输PostScript语言图稿。在Photoshop中打开其他程序创建的包含矢量图的EPS文件时，Photoshop会对此文件进行栅格化，将矢量图转换为位图。EPS格式支持多种颜色模式，还支持剪贴路径，但不支持Alpha通道。

## 1.3.2 常用视频压缩编码格式

### 1. AVI格式

AVI格式即音频视频交错格式，所谓"音频视频交错"就是可以将视频和音频交织在一起进行同步播放。这种视频格式的优点是图像质量好，可以跨多个平台使用；缺点是体积过于庞大，压缩标准不统一，因此经常会遇到一些问题，如高版本的Windows媒体播放器播放不了采用早期编码编辑的AVI视频，而低版本的Windows媒体播放器又播放不了采用最新编码编辑的AVI视频。

### 2. DV-AVI格式

目前非常流行的数字摄像机就是使用DV-AVI格式记录视频数据的。它可以通过计算机的IEEE 1394端口传输视频数据到计算机，也可以将计算机中编辑好的视频数据回录到数字摄像机中。这种视频格式的文件扩展名一般为.avi，所以人们习惯地称它为DV-AVI格式。

### 3. MPEG格式

MPEG格式是运动图像压缩算法的国际标准，它采用了有损压缩方法，从而减少运动图像中的冗余信息。

### 4. MOV格式

MOV格式默认的播放器是苹果的Quick Time Player。它具有较高的压缩比和较完美的视频清晰度，最大的特点是跨平台性，不仅能支持macOS，也能支持Windows系列操作系统。

## 1.3.3　常用音频压缩编码格式

### 1. WAV格式

WAV是微软公司开发的一种声音文件格式，用于保存Windows平台的音频资源，被Windows平台及应用程序所支持。WAV格式支持多种压缩算法，支持多种音频位数、采样频率和声道。标准格式的WAV文件的采样频率是44.1kHz，速率是88 kbit/s，量化位数是16位。

### 2. MP3格式

MP3是MPEG标准中的音频部分，也就是MPEG音频层，根据压缩质量和编码处理的不同可将其分为3层，分别对应.mp1、.mp2、.mp3这3种声音文件。

> **提示**　MPEG音频文件的压缩是一种有损压缩，MPEG3音频编码具有1:10~1:12的高压缩比，同时基本保持低频部分不失真，但牺牲了声音文件中12kHz~16kHz高频部分的质量来换取文件的尺寸。

相同长度的声音文件，如果用MP3格式来存储，其大小一般只有WAV格式文件的1/10，音质次于WAV格式的声音文件。

### 3. WMA格式

WMA格式音频的音质要强于MP3格式，它以减少数据流量但保持音质的方法来达到比MP3压缩比更高的目的，WMA的压缩比一般可以达到1:18左右。

WMA格式的另一个优点是内容提供商可以通过DRM（Digital Rights Management，数字权利管理）方案，如Windows Media Rights Manager 7加入防拷贝保护。这种内置的版权保护技术可以限制播放时间和播放次数甚至播放的机器等，这对音乐公司来说是一个福音，另外WMA还支持音频流（Stream）技术，适合网络在线播放。

## 1.3.4　视频输出的设置

按Ctrl+M快捷键，弹出"渲染队列"面板，单击"输出组件"选项右侧的"无损"按钮，弹出"输出模块设置"对话框，在这个对话框中可以对视频的输出格式及相应的编码方式、视频大小、比例、音频等进行设置，如图1-20所示。

格式：在该下拉列表中可以选择输出格式和输出图序列，一般使用TGA格式的序列文件，输出样品成片时可以使用AVI和MOV格式，输出贴图时可以使用TIF和PIC格式。

格式选项：输出图片序列时，可以选择输出颜色位数；输出影片时，可以设置压缩方式和压缩比。

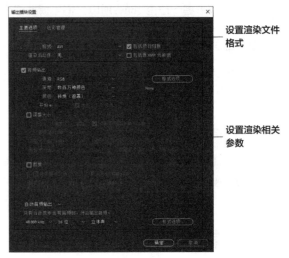

设置渲染文件格式

设置渲染相关参数

图1-20

## 1.3.5　视频文件的打包设置

在一些影视合成或者编辑软件中用到的素材可能分布在磁盘的各个地方，从而在另外的设备上打开工程文件时可能会遇到部分文件丢失的情况。如果要一个一个地把素材找出来并复制显然很麻烦，使用"打包"命令可以自动把文件收集在一个目录中打包。

这里主要介绍After Effects的打包功能。选择"文件 > 整理工程（文件）> 收集文件"命令，在弹出的对话框中单击"收集"按钮，完成打包操作，如图1-21所示。

图1-21

# 第 2 章

## 图层的应用

**本章介绍**

　　本章将对After Effects中图层的应用与操作进行详细讲解。通过对本章的学习，读者可以充分理解图层的概念，并能够掌握图层的基本操作方法和使用技巧。

**学习目标**

● 理解图层的概念

● 掌握图层的基本操作方法

● 掌握图层的5个基本变化属性和关键帧动画

**技能目标**

● 掌握"飞舞组合字"的制作方法

● 掌握"海上动画"的制作方法

# 2.1 理解图层的概念

在After Effects中无论是创作合成动画，还是进行效果处理等操作，都离不开图层，因此制作动态影像的第一步就是真正了解和掌握图层。"时间轴"面板中的素材都是以图层的方式按照上下关系依次排列组合的，如图2-1所示。

图2-1

我们可以将After Effects中的图层想象为一层层叠放的透明胶片，上一层有内容的地方将遮盖住下一层的内容，而上一层没有内容的地方会显露出下一层的内容，如果上一层的部分内容处于半透明状态，将依据半透明程度混合显示下层内容，这是图层之间最基本的关系。图层之间还存在更复杂的合成组合关系，如叠加模式、蒙版合成方式等。

# 2.2 图层的基本操作

我们可以对图层进行多种操作，如改变图层的顺序、复制图层与替换图层、给图层加标记、让图层自动适合合成图像尺寸、对齐图层和自动分布图层等。

## 2.2.1 课堂案例——飞舞组合字

案例学习目标 学习制作丰富多彩的文字动画效果。

案例知识要点 使用"导入"命令导入文件；新建合成并命名为"最终效果"，为文字添加动画，设置相关的关键帧，制作文字飞舞效果并最终组合效果；为文字添加"斜面Alpha""投影"效果。飞舞组合字效果如图2-2所示。

效果所在位置 Ch02\飞舞组合字\飞舞组合字.aep。

图2-2

### 1. 导入素材并输入文字

**01** 按Ctrl+N快捷键，弹出"合成设置"对话框，在"合成名称"文本框中输入"最终效果"，其他选项的设置如图2-3所示，单击"确定"按钮，创建一个新的合成"最终效果"。选择"文件 > 导

入 >文件"命令，在弹出的"导入文件"对话框中，选择学习资源中的"Ch02\2.2.1-飞舞组合字\
（Footage）\ 01.jpg"文件，如图2-4所示，单击"导入"按钮，导入背景图片，并将其拖曳到"时间
轴"面板中。

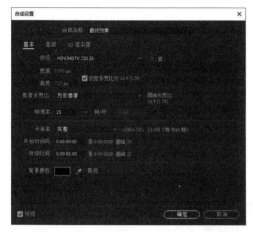

图2-3

图2-4

**02** 选择横排文字工具 **T** ，在
"合成"面板中输入文字"秋
天丰收的季节"。在"字符"面
板中，设置"填充颜色"为黄
色（R、G、B值分别为244、
189、0），其他选项的设置如
图2-5所示。"合成"面板中的
效果如图2-6所示。

图2-5

图2-6

**03** 选中文字"秋 天"，在"字
符"面板中设置文字参数，如图
2-7所示。"合成"面板中的效
果如图2-8所示。

图2-7

图2-8

**04** 选中"文字"图层，单击"段落"面板中的"居中对齐文本"按钮 ，如图2-9所示。"合成"面板
中的效果如图2-10所示。

图2-9　　　　　　　　　图2-10

## 2. 添加关键帧动画

**01** 展开"文本"图层的"变换"属性，设置"位置"为626.0,182.0，如图2-11所示。"合成"面板中的效果如图2-12所示。

图2-11　　　　　　　　图2-12

**02** 单击"动画"按钮，在弹出的菜单中选择"锚点"选项，如图2-13所示。在"时间轴"面板中自动添加一个"动画制作工具1"选项组，设置"锚点"为0.0,-30.0，如图2-14所示。

图2-13　　　　　　　　图2-14

**03** 按照上述方法再添加一个"动画制作工具2"选项组。单击"动画制作工具2"右侧的"添加"按钮，在弹出的菜单中选择"选择器 > 摆动"选项，如图2-15所示。展开"摆动选择器1"属性，设置"摇摆/秒"为0.0，"关联"为73%，如图2-16所示。

图2-15　　　　　　　　图2-16

**04** 再次单击"添加"按钮▶，添加"位置""缩放""旋转""填充色相"选项，然后分别设置它们的参数，如图2-17所示。在"时间轴"面板中，将时间标签放置在0:00:03:00的位置，分别单击这4个选项左侧的"关键帧自动记录器"按钮◎，如图2-18所示，记录第1个关键帧。

**05** 将时间标签放置在0:00:04:00的位置，设置"位置"为0.0,0.0，"缩放"为100.0%,100.0%，"旋转"为0x+0.0°，"填充色相"为0x+0.0°，如图2-19所示，记录第2个关键帧。

图2-17

图2-18

图2-19

**06** 展开"摆动选择器1"属性，将时间标签放置在0:00:00:00的位置，分别单击"时间相位"和"空间相位"选项左侧的"关键帧自动记录器"按钮◎，记录第1个关键帧。设置"时间相位"为2x+0.0°，"空间相位"为2x+0.0°，如图2-20所示。

图2-20

**07** 将时间标签放置在0:00:01:00的位置，如图2-21所示，在"时间轴"面板中，设置"时间相位"为2x+200.0°，"空间相位"为2x+150.0°，如图2-22所示，记录第2个关键帧。将时间标签放置在0:00:02:00的位置，设置"时间相位"为3x+160.0°，"空间相位"为3x+125.0°，如图2-23所示，记录第3个关键帧。将时间标签放置在0:00:03:00的位置，设置"时间相位"为4x+150.0°，"空间相位"为4x+110.0°，如图2-24所示，记录第4个关键帧。

图2-21

图2-22

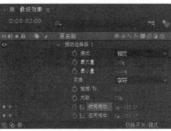
图2-23

图2-24

### 3. 添加立体效果

**01** 选中"文本"图层，选择
"效果 > 透视 > 斜面Alpha"
命令，在"效果控件"面板中设
置参数，如图2-25所示。"合
成"面板中的效果如图2-26
所示。

图2-25                          图2-26

**02** 选择"效果 > 透视 > 投影"
命令，在"效果控件"面板中设
置参数，如图2-27所示。"合
成"面板中的效果如图2-28
所示。

图2-27                          图2-28

**03** 在"时间轴"面板中单击"文本"图层右侧的"运动模糊"按钮 🖉，如图2-29所示，将其激活。飞
舞组合字制作完成，效果如图2-30所示。

图2-29                          图2-30

## 2.2.2 素材放置到时间轴的多种方式

素材只有放入时间轴中才可以进行编辑。将素材放入时间轴的方法如下。

● 将素材直接从"项目"面板拖曳到"合成"面板中，如图2-31所示，可以决定素材在合成画面中
的位置。

● 从"项目"面板拖曳素材到合成图层上，如图2-32所示。

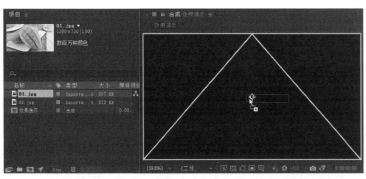

| 图2-31 | 图2-32 |

● 在"项目"面板选中素材，按Ctrl+ / 快捷键，将所选素材置入当前"时间轴"面板中。

● 将素材从"项目"面板拖曳到"时间轴"面板区域，在未松开鼠标时，"时间轴"面板中将显示一条蓝色水平线，根据蓝色水平线所在的位置可以决定将素材置入哪一层，如图2-33所示。

● 将素材从"项目"面板拖曳到"时间轴"面板区域，在未松开鼠标时，不仅会出现一条蓝色水平线决定置入哪一层，同时还会在时间标尺处显示时间标签以决定素材入场的时间，如图2-34所示。

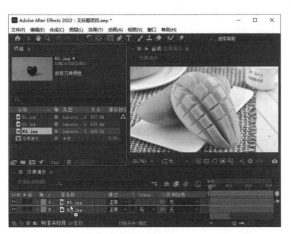
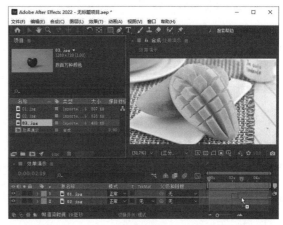

| 图2-33 | 图2-34 |

● 在"项目"面板中双击素材，通过"素材"面板打开素材，单击■、■两个按钮设置素材的入点和出点，再单击"波纹插入编辑"按钮■或者"叠加编辑"按钮■将素材插入"时间轴"面板，如图2-35所示。

> **提示** 如果是图像素材，将无法出现上述按钮和功能，因此只能对视频素材使用此方法。

图2-35

### 2.2.3 改变图层的顺序

● 在"时间轴"面板中选择图层，上下拖曳图层到适当的位置，可以改变图层的顺序，注意观察蓝色水平线的位置，如图2-36所示。

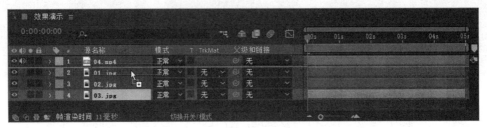

图2-36

● 在"时间轴"面板中选择图层，通过菜单和快捷键也可以移动图层的位置。

① 选择"图层>排列>将图层置于顶层"命令，或按Ctrl+Shift+] 快捷键将图层移到最上方。

② 选择"图层>排列>将图层前移一层"命令，或按Ctrl+] 快捷键将图层往上移一层。

③ 选择"图层>排列>将图层后移一层"命令，或按Ctrl+[ 快捷键将图层往下移一层。

④ 选择"图层>排列>将图层置于底层"命令，或按Ctrl+Shift+[ 快捷键将图层移到最下方。

## 2.2.4 复制图层和替换图层

**1. 复制图层**

方法一

● 选中图层，选择"编辑>复制"命令，或按Ctrl+C快捷键复制图层。

● 选择"编辑>粘贴"命令，或按Ctrl+V快捷键粘贴图层，粘贴得到的新图层将保持开始所选图层的所有属性。

方法二

● 选中图层，选择"编辑>重复"命令，或按Ctrl+D快捷键快速复制图层。

**2. 替换图层**

方法一

● 在"时间轴"面板中选择需要替换的图层，在"项目"面板中按住Alt键，将替换的新素材拖曳到"时间轴"面板中，如图2-37所示。

方法二

● 在"时间轴"面板中选择需要替换的图层，单击鼠标右键，在弹出的快捷菜单中选择"显示>在项目流程图中显示图层"命令，打开"流程图"面板。

● 在"项目"面板中，将替换的新素材拖曳到"流程图"面板中目标图层图标上，如图2-38所示。

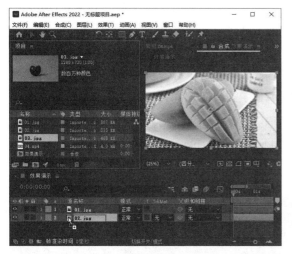
图2-37

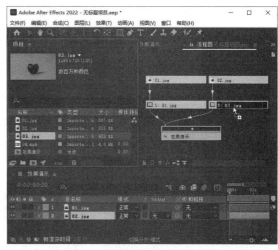
图2-38

# 2.2.5 给图层加标记

标记功能对声音来说有着特殊的意义，如在某个高音处或者某个鼓点处设置图层标记，在整个创作过程中，可以快速而准确地知道某个时间位置发生了什么。

### 1. 添加图层标记

● 在"时间轴"面板中选择图层，并移动当前时间标签到指定时间点上，如图2-39所示。

图2-39

● 选择"图层 > 标记> 添加标记"命令，或按数字键盘上的 * 键实现图层标记的添加操作，如图2-40所示。

图2-40

**提示** 在视频创作过程中，视觉画面与音乐总是匹配的，选择背景音乐图层，按数字键盘上的0键预听音乐。注意一边听一边在音乐发生变化时按数字键盘上的 * 键设置标记作为后续动画关键帧位置参考，停止播放音乐后将显示所有标记。

## 2. 修改图层标记

要修改图层标记，拖曳图层标记到新的时间位置上即可；或双击图层标记，弹出"合成标记"对话框，在"时间"文本框中输入目标时间，可以精确修改图层标记的时间位置，如图2-41所示。

另外，为了更好地识别各个标记，可以给标记添加注释。双击标记，弹出"合成标记"对话框，在"注释"文本框中输入说明文字，例如"更改从此处开始"，如图2-42所示。

图2-41                             图2-42

## 3. 删除图层标记

● 在图层标记上单击鼠标右键，在弹出的快捷菜单中选择"删除此标记"或者"删除所有标记"命令，可以删除图层标记。

● 按住Ctrl键的同时，将鼠标指针移至标记处，鼠标指针变为 ✂（剪刀）形状时，单击即可删除标记。

# 2.2.6 让图层自动适合合成图像的尺寸

● 选择图层，选择"图层 > 变换 > 适合复合"命令或按Ctrl+Alt+F快捷键，可以使图层尺寸完全适合图像尺寸，如果图层的长宽比与合成图像的长宽比不一致，将导致图层图像变形，如图2-43所示。

● 选择"图层 > 变换 > 适合复合宽度"命令或按Ctrl+Alt+Shift+H快捷键，可以使图层宽度适合合成图像宽度，如图2-44所示。

● 选择"图层 > 变换 > 适合复合高度"命令或按Ctrl+Alt+Shift+G快捷键，可以使图层高度适合合成图像高度，如图2-45所示。

图2-43                      图2-44                      图2-45

## 2.2.7 图层与图层对齐和自动分布功能

选择"窗口 > 对齐"命令，弹出"对齐"面板，如图2-46所示。

"对齐"面板上的按钮第一行从左到右分别为："左对齐"按钮 ▤、"水平对齐"按钮 ▤、"右对齐"按钮 ▤、"顶对齐"按钮 ▥、"垂直对齐"按钮 ▥、"底对齐"按钮 ▥。第二行从左到右分别为："按顶分布"按钮 ▤、"垂直均匀分布"按钮 ▤、"按底分布"按钮 ▤、"按左分布"按钮 ▥、"水平均匀分布"按钮 ▥ 和"按右分布"按钮 ▥。

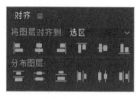

图2-46

● 在"时间轴"面板中选择第1个图层，按住Shift键的同时选择第4个图层，将第1~4个文本图层同时选中，如图2-47所示。

● 单击"对齐"面板中的"水平对齐"按钮 ▤，将选中的图层水平居中对齐；再单击"垂直均匀分布"按钮 ▤，以"合成"面板画面中的最上层和最下层为基准，平均分布中间两层，使它们的垂直间距一致，如图2-48所示。

图2-47

图2-48

# 2.3 图层的5个基本变化属性和关键帧动画

在After Effects中，图层的5个基本变化属性分别是锚点、位置、缩放、旋转和不透明度。下面将对这5个基本变化属性和关键帧动画进行讲解。

## 2.3.1 课堂案例——海上动画

**案例学习目标** 学习使用图层的属性制作关键帧动画。

**案例知识要点** 使用"导入"命令导入素材，使用"位置"属性制作波浪动画，使用"位置"属性、"缩放"属性和"不透明度"属性制作最终效果。海上动画效果如图2-49所示。

**效果所在位置** Ch02\海上动画\海上动画. aep。

图2-49

### 1. 导入素材并制作波浪动画

**01** 按Ctrl+N快捷键，弹出"合成设置"对话框，在"合成名称"文本框中输入"波浪动画"，其他选

项的设置如图2-50所示，单击
"确定"按钮，创建一个新的
合成"波浪动画"。选择"文
件 > 导入 > 文件"命令，弹出
"导入文件"对话框，选择学
习资源中的"Ch02\海上动画\
(Footage) \01.jpg ~ 08.png"
文件，单击"导入"按钮，导入
图片到"项目"面板中，如图
2-51所示。

图2-50

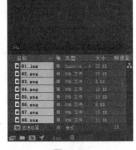

图2-51

**02** 在"项目"面板中，选中"04.png""05.png""06.png"
"07.png""08.png"文件
并将它们拖曳到"时间轴"面
板中，图层的排列如图2-52所
示。"合成"面板中的效果如图
2-53所示。

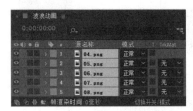

图2-52

图2-53

**03** 选中"08.png"图层，按P
键展开"位置"属性，设置"位
置"为514.0,510.7，如图2-54
所示。"合成"面板中的效果如
图2-55所示。

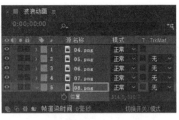

图2-54

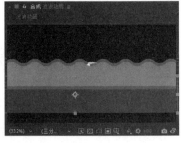

图2-55

**04** 保持时间标签在0:00:00:00的位置，单击"位置"选项左侧的"关键帧自动记录器"按钮，如图

2-56所示，记录第1个关键帧。
将时间标签放置在0:00:04:24的
位置，在"时间轴"面板中设置
"位置"为758.0,510.7，如图
2-57所示，记录第2个关键帧。

图2-56

图2-57

**05** 将时间标签放置在0:00:00:00的位置，选中"07.png"图层，按P键展开"位置"属性，设置"位置"为735.6,546.9，单击"位置"选项左侧的"关键帧自动记录器"按钮◎，如图2-58所示，记录第1个关键帧。将时间标签放置在0:00:04:24的位置，在"时间轴"面板中设置"位置"为547.6,546.9，如图2-59所示，记录第2个关键帧。

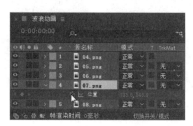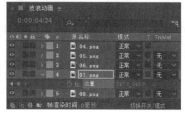

图2-58 图2-59

**06** 将时间标签放置在0:00:00:00的位置，选中"06.png"图层，按P键展开"位置"属性，设置"位置"为514.0,552.7，单击"位置"选项左侧的"关键帧自动记录器"按钮◎，如图2-60所示，记录第1个关键帧。将时间标签放置在0:00:04:24的位置，在"时间轴"面板中设置"位置"为763.0,552.7，如图2-61所示，记录第2个关键帧。

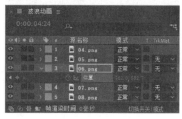

图2-60 图2-61

**07** 将时间标签放置在0:00:00:00的位置，选中"05.png"图层，按P键展开"位置"属性，设置"位置"为222.8,535.3，单击"位置"选项左侧的"关键帧自动记录器"按钮◎，如图2-62所示，记录第1个关键帧。将时间标签放置在0:00:02:00的位置，单击"在当前时间添加或移除关键帧"按钮◆，如图2-63所示，记录第2个关键帧。用相同的方法在0:00:04:00的位置添加1个关键帧。

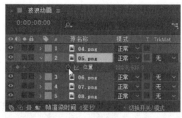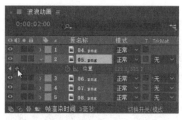

图2-62 图2-63

**08** 将时间标签放置在0:00:01:00的位置，在"时间轴"面板中设置"位置"为222.8,575.3，如图2-64所示，记录第4个关键帧。将时间标签放置在0:00:03:00的位置，在"时间轴"面板中设置"位置"选项的数值为222.8,575.3，如图2-65所示，记录第5个关键帧。将时间标签放置在0:00:04:24

的位置，在"时间轴"面板中设置"位置"选项的数值为222.8,575.3，如图2-66所示，记录第6个关键帧。

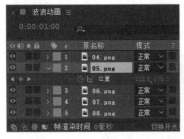
图2-64

图2-65

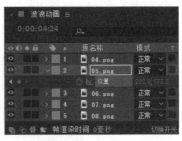
图2-66

**09** 将时间标签放置在0:00:00:00的位置，选中"04.png"图层，按P键展开"位置"属性，设置"位置"为769.0,638.0，单击"位置"选项左侧的"关键帧自动记录器"按钮 ，如图2-67所示，记录第1个关键帧。将时间标签放置在0:00:04:24的位置，在"时间轴"面板中设置"位置"为522.0,638.0，如图2-68所示，记录第2个关键帧。

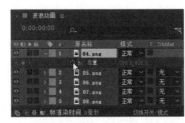
图2-67

图2-68

### 2. 制作最终效果

**01** 按Ctrl+N快捷键，弹出"合成设置"对话框，在"合成名称"文本框中输入"最终效果"，其他选项的设置如图2-69所示，单击"确定"按钮，创建一个新的合成"最终效果"。

**02** 在"项目"面板中选中"01.jpg""02.png""03.png"图层和"波浪动画"合成，并将其拖曳到"时间轴"面板中，图层的排列如图2-70所示。

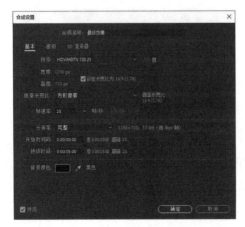
图2-69

图2-70

**03** 选中"波浪动画"图层，按
P键展开"位置"属性，设置
"位置"为640.0,437.0，如图
2-71所示。"合成"面板中的
效果如图2-72所示。

图2-71            图2-72

**04** 选中"03.png"图层，按P
键展开"位置"属性，设置"位
置"为633.0,319.0，如图2-73
所示。"合成"面板中的效果如
图2-74所示。

图2-73            图2-74

**05** 保持时间标签在0:00:00:00的位置，按T键展开"不透明度"属性，设置"不透明度"为0%，单击
"不透明度"选项左侧的"关键帧自动记录器"按钮 ，如图2-75所示，记录第1个关键帧。将时间标
签放置在0:00:01:00的位置，
在"时间轴"面板中设置"不透
明度"为100%，如图2-76所
示，记录第2个关键帧。

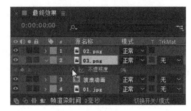
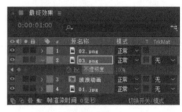

图2-75            图2-76

**06** 选中"02.png"图层，按P
键展开"位置"属性，设置"位
置"为442.0,208.0，如图2-77
所示。"合成"面板中的效果如
图2-78所示。

图2-77            图2-78

**07** 保持时间标签在0:00:01:00的位置，按S键展开"缩放"属性，设置"缩放"为0.0%,0.0%，单击
"缩放"选项左侧的"关键帧自动记录器"按钮 ，如图2-79所示，记录第1个关键帧。将时间标签放
置在0:00:01:11的位置，在"时间轴"面板中设置"缩放"为100.0%,100.0%，如图2-80所示，记录
第2个关键帧。海上动画制作完成。

图2-79　　　　　　　　　　　　　　　图2-80

## 2.3.2 图层的5个基本变化属性

除了单独的音频图层外，各类型图层至少有5个基本变化属性，它们分别是锚点、位置、缩放、旋转和不透明度。单击"时间轴"面板中图层色彩标签前面的展开按钮 ，找到"变换"属性，再单击"变换"左侧的展开按钮 ，展开其中各个变换属性的具体参数，如图2-81所示。

图2-81

### 1. "锚点"属性

当对图层进行移动、旋转和缩放时，都是依据一个点来操作的，这个点就是锚点。

选择需要的图层，按A键展开"锚点"属性，如图2-82所示。以锚点为基准的效果如图2-83所示，旋转操作的效果如图2-84所示，缩放操作的效果如图2-85所示。

图2-82

图2-83　　　　　　　　　　图2-84　　　　　　　　　　图2-85

## 2. "位置"属性

选择需要的图层，按P键展开"位置"属性，如图2-86所示。以锚点为基准的效果如图2-87所示，在图层的"位置"属性后方的数字上拖曳鼠标（或直接输入需要的数值），如图2-88所示。松开鼠标，效果如图2-89所示。

普通二维图层的"位置"属性由x轴向和y轴向两个参数组成，如果是三维图层，则由x轴向、y轴向和z轴向3个参数组成。

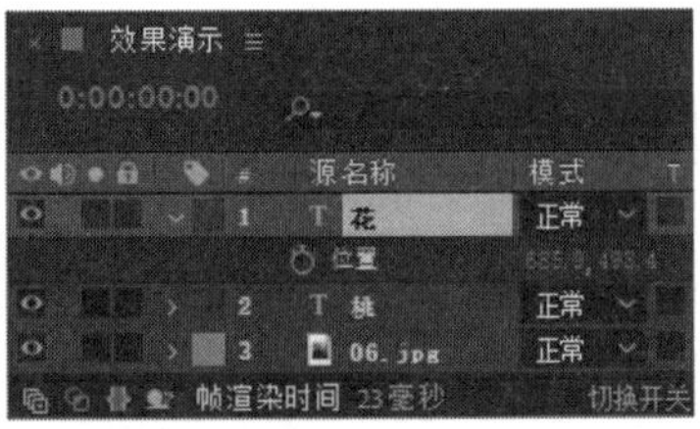

图2-86

图2-87

图2-88

图2-89

**提示** 在制作位置动画时，如果需要对象沿路径的角度旋转，可以选择"图层 > 变换 > 自动定向"命令，弹出"自动方向"对话框，在其中选择"沿路径定向"选项。

## 3. "缩放"属性

选择需要的图层，按S键展开"缩放"属性，如图2-90所示。以锚点为基准的效果如图2-91所示，在图层的"缩放"属性后方的数字上拖曳鼠标（或直接输入需要的数值），如图2-92所示。松开鼠标，效果如图2-93所示。

普通二维图层的"缩放"属性由x轴向和y轴向两个参数组成，如果是三维图层则由x轴向、y轴向和z轴向3个参数组成。

图2-90

图2-91

图2-92

图2-93

## 4. "旋转"属性

选择需要的图层，按R键展开"旋转"属性，如图2-94所示。以锚点为基准的效果如图2-95所示，在图层的"旋转"属性后方的数字上拖曳鼠标（或直接输入需要的数值），如图2-96所示。松开鼠标，效果如图2-97所示。普通二维图层的"旋转"属性由圈数和度数两个参数组成，例如"1x+180°"。

如果是三维图层，"旋转"属性将增加为4个："方向"可以同时设定x、y、z 3个轴向，"X 轴旋转"仅调整x轴向上的旋转效果、"Y 轴旋转"仅调整y轴向上的旋转效果、"Z 轴旋转"仅调整z轴向上的旋转效果，如图2-98所示。

图2-94

图2-95

图2-96

图2-97

图2-98

## 5. "不透明度"属性

选择需要的图层，按T键展开"不透明度"属性，如图2-99所示。以锚点为基准的效果如图2-100所示，在图层的"不透明度"属性后方的数字上拖曳鼠标（或直接输入需要的数值），如图2-101所示。松开鼠标，效果如图2-102所示。

图2-99

图2-100

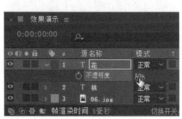
图2-101

图2-102

**提示** 按住Shift键的同时按各属性对应的快捷键，可以达到自定义组合显示属性的目的。例如，如果只想看见图层的"位置"和"不透明度"属性，可以在选取图层之后按P键，然后在按住Shift键的同时按T键，效果如图2-103所示。

图2-103

## 2.3.3 利用"位置"属性制作位置动画

选择"文件 > 打开项目"命令，或按Ctrl+O快捷键，弹出"打开"对话框，选择本书学习资源中的"基础素材 > Ch02 > 纸飞机 > 纸飞机.aep"文件，如图2-104所示，单击"打开"按钮，打开此文件，如图2-105所示。

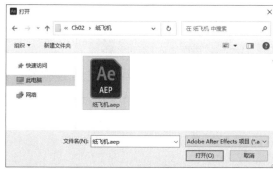

图2-104

图2-105

在"时间轴"面板中选中"02.png"图层，按P键展开"位置"属性，确定当前时间标签处于0:00:00:00的位置，调整"位置"属性的x值和y值分别为94.0和632.0，如图2-106所示；或选择选取工具▶，在"合成"面板中将纸飞机图形移动到画面的左下方位置，如图2-107所示。单击"位置"属性名称左侧的"关键帧自动记录器"按钮▣，开始自动记录位置关键帧的信息。

图2-106

图2-107

按Alt+Shift+P快捷键也可以实现上述操作，此快捷键可以实现在任意地方添加或删除位置关键帧的操作。

　　移动时间标签到0:00:04:24的位置，调整"位置"属性的x值和y值分别为1164.0和98.0，或选择选取工具▶，在"合成"面板中将纸飞机图形移动到画面的右上方位置，此时"位置"属性将自动添加一个关键帧，如图2-108所示；"合成"面板中将同时显示动画路径，如图2-109所示。按0键进行动画预览。

图2-108　　　　　　　　　　　　　　　　　图2-109

### 1. 手动调整"位置"属性

● 选择选取工具▶，直接在"合成"面板中拖曳图层。

● 在"合成"面板中拖曳图层时，按住Shift键，沿水平或垂直方向移动图层。

● 在"合成"面板中拖曳图层时，按住Alt+Shift组合键，将使图层的边缘逼近合成图像边缘。

● 以一个像素点移动图层可以使用上、下、左、右4个方向键实现，以10个像素点移动图层可以在按住Shift键的同时按上、下、左、右4个方向键实现。

### 2. 通过修改参数值调整"位置"属性

● 当鼠标指针呈🖐形状时，在参数值上左右拖曳鼠标可以修改其值。

● 单击参数将会出现输入框，可以在其中输入具体数值。输入框也支持加减法运算，如输入"+20"，表示在原来的轴向值上加上20个像素，如图2-110所示；如果想在原来的轴向值上减去20个像素，则输入"1184-20"。

● 在属性标题或参数值上单击鼠标右键，在弹出的快捷菜单中选择"编辑值"命令，或按Ctrl+Shift+P快捷键，弹出"位置"对话框。在该对话框中可以调整具体参数值，并且可以选择调整所依据的单位（如像素、英寸、毫米、源的%、合成的%等），如图2-111所示。

图2-110　　　　　　　　　　　　　　　　　图2-111

## 2.3.4　加入"缩放"动画

在"时间轴"面板中选中"02.png"图层，在按住Shift键的同时按S键，展开"缩放"属性，如图2-112所示。

图2-112

将时间标签放在0:00:00:00的位置，在"时间轴"面板中单击"缩放"属性名称左侧的"关键帧自动记录器"按钮，开始记录缩放关键帧的信息，如图2-113所示。

**提示**　按Alt+Shift+S快捷键也可以实现上述操作，此快捷键还可以实现在任意地方添加或删除缩放关键帧的操作。

图2-113

移动时间标签到0:00:04:24的位置，将x轴向和y轴向的缩放值都调整为130，如图2-114所示，或者选择选取工具，在"合成"面板中拖曳图层边框上的变换点进行缩放操作，如果同时按住Shift键则可以实现等比例缩放。"时间轴"面板当前时间对应的"缩放"属性会自动添加一个关键帧。按0键预览动画。

图2-114

### 1. 手动调整"缩放"属性

● 选择选取工具，直接在"合成"面板中拖曳图层边框上的变换点进行缩放操作，如果同时按住Shift键，则可以实现等比例缩放。

● 按住Alt键的同时按 +（加号）键可实现以1%递增缩放百分比，按住Alt键的同时按 -（减号）

键可实现以1%递减缩放百分比。如果要以10%递增或者递减缩放百分比，只需在按下上述快捷键的同时，再按Shift键即可，例如Shift+Alt+ – 快捷键。

**2. 通过修改参数值调整"缩放"属性**

● 当鼠标指针呈 形状时，在参数值上左右拖曳鼠标可以修改缩放值。

● 单击参数将会弹出输入框，可以在其中输入具体数值。输入框也支持加减法运算，例如，可以输入"+3"，表示在原有的值上加上3%，如果是减法，则输入"130-3"，如图2-115所示。

● 在属性标题或参数值上单击鼠标右键，在弹出的快捷菜单中选择"编辑值"命令，在弹出的"缩放"对话框中进行设置，如图2-116所示。

图2-115

图2-116

> **提示** 如果使缩放值变为负值，将实现图像翻转特效。

## 2.3.5 制作"旋转"动画

在"时间轴"面板中选择"02.png"图层，在按住Shift键的同时按R键，展开"旋转"属性，如图2-117所示。

图2-117

将时间标签放置在0:00:00:00的位置，单击"旋转"属性名称左侧的"关键帧自动记录器"按钮 ，开始记录旋转关键帧的信息。

> **提示** 按Alt+Shift+R快捷键也可以实现上述操作，此快捷键还可以实现在任意地方添加或删除旋转关键帧的操作。

移动时间标签到0:00:04:24的位置，调整"旋转"属性值为"0x+45.0°"，使图形旋转45°，如图2-118所示；或者选择旋转工具 ，在"合成"面板中以顺时针方向旋转图层，效果如图2-119所示。按0键预览动画。

图2-118

图2-119

### 1. 手动调整"旋转"属性

● 选择旋转工具，在"合成"面板中以顺时针方向或者逆时针方向旋转图层。如果同时按住Shift键，将以45°为调整幅度。

● 可以通过数字键盘中的+（加号）键实现以1°顺时针旋转图层，也可以通过数字键盘中的－（减号）键实现以1°逆时针旋转图层。如果要以10°旋转图层，只需在按下上述快捷键的同时，再按Shift键即可，例如，Shift+数字键盘的－快捷键。

### 2. 通过修改参数值调整"旋转"属性

● 当鼠标指针呈形状时，在参数值上左右拖曳鼠标可以修改其数值。

● 单击参数将会弹出输入框，可以在其中输入具体数值。输入框也支持加减法运算，例如可以输入"+2"，表示在原有的值上加上2°或者2圈（取决于在度数输入框中输入还是在圈数输入框中输入）；如果想在原有的值上减去2°或者2圈，则输入"45-2"。

● 在属性标题或参数值上单击鼠标右键，在弹出的快捷菜单中选择"编辑值"命令，或按Ctrl+Shift+R快捷键，在弹出的"旋转"对话框中调整具体的参数值，如图2-120所示。

图2-120

## 2.3.6 "锚点"属性

在"时间轴"面板中选择"02.png"图层，在按住Shift键的同时按A键，展开"锚点"属性，如图2-121所示。

图2-121

改变"锚点"属性的第一个值为0，或者选择向后平移（锚点）工具，在"合成"面板中单击并移动锚点，如图2-122所示。按0键预览动画。

图2-122

> **提示** 锚点的坐标是相对于图层的，而不是相对于合成图像的。

### 1. 手动调整锚点

● 选择向后平移（锚点）工具，在"合成"面板中单击并移动锚点。

● 在"时间轴"面板中双击图层，将图层在"图层"面板中打开，选择选取工具或者选择向后平移（锚点）工具，单击并移动锚点，如图2-123所示。

### 2. 通过修改参数值调整锚点

● 当鼠标指针呈形状时，在参数值上左右拖动鼠标可以修改其数值。

● 单击参数将会弹出输入框，可以在其中输入具体的数值。输入框也支持加减法运算，例如可以输入"+30"，表示在原有的值上加上30像素；如果想在原有的值上减去30像素，则输入"360-30"。

● 在属性标题或参数值上单击鼠标右键，在弹出的快捷菜单中选择"编辑值"命令，在弹出的"锚点"对话框中调整具体的参数值，如图2-124所示。

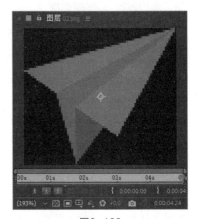

图2-123

图2-124

## 2.3.7 添加"不透明度"动画

在"时间轴"面板中选择"02.png"图层，在按住Shift键的同时按T键，展开"不透明度"属性，如图2-125所示。

图2-125

将时间标签放置在0:00:00:00的位置，将"不透明度"属性值调整为100%，使图层完全不透明。单击"不透明度"属性名称左侧的"关键帧自动记录器"按钮⬤，开始记录不透明度关键帧的信息。

**提示**　按Alt+Shift+T快捷键也可以实现上述操作，此快捷键还可以实现在任意地方添加或删除不透明度关键帧的操作。

移动时间标签到0:00:04:24的位置，调整"不透明度"属性值为0%，使图层完全透明，注意观察"时间轴"面板，当前时间下的"不透明度"属性会自动添加一个关键帧，如图2-126所示。按0键预览动画。

图2-126

**通过修改参数值调整"不透明度"属性**

● 当鼠标指针呈⬥形状时，在参数值上左右拖曳鼠标可以修改不透明度的数值。

● 单击参数将会弹出输入框，可以在其中输入具体数值。输入框也支持加减法运算，例如可以输入"+20"，表示在原有的值上增加20%；如果是减少20%，则输入"100-20"。

● 在属性标题或参数值上单击鼠标右键，在弹出的快捷菜单中选择"编辑值"命令或按Ctrl+Shift+O快捷键，在弹出的"不透明度"对话框中调整具体的参数值，如图2-127所示。

图2-127

## 课堂练习——旋转指南针

练习知识要点 使用"缩放"属性制作表盘缩放动画，使用"旋转"属性和"不透明度"属性制作指针转动动画。旋转指南针效果如图2-128所示。

效果所在位置 Ch02\旋转指南针\旋转指南针.aep。

图2-128

## 课后习题——运动的圆圈

习题知识要点 使用"导入"命令导入素材，使用"位置"属性，制作箭头运动动画，使用"旋转"属性制作圆圈运动动画。运动的圆圈效果如图2-129所示。

效果所在位置 Ch02\运动的圆圈\运动的圆圈.aep。

图2-129

# 第 3 章

## 制作蒙版动画

### 本章介绍

本章将主要讲解蒙版的相关操作，其中包括蒙版的设置、调整蒙版图形、蒙版的变换、编辑蒙版的多种方式等。通过对本章的学习，读者可以掌握蒙版的使用方法和应用技巧，并运用蒙版功能制作出绚丽的视频效果。

### 学习目标

- 初步了解蒙版
- 掌握设置蒙版的方法
- 掌握蒙版的基本操作方法

### 技能目标

- 掌握"遮罩文字"的制作方法
- 掌握"加载条效果"的制作方法

# 3.1 初步了解蒙版

蒙版其实就是一个由封闭的贝塞尔曲线所构成的路径轮廓，轮廓之内或之外的区域就是抠像的依据，如图3-1所示。

> **提示** 虽然蒙版由路径组成，但是千万不要误认为路径只是用来创建蒙版的，它还可以用在描边效果处理、沿路径制作动画效果等方面。

图3-1

# 3.2 设置蒙版

通过设置蒙版，可以将两个以上的图层合成并制作出一个新的画面。蒙版可以在"合成"面板中进行调整，也可以在"时间轴"面板中进行调整。

## 3.2.1 课堂案例——遮罩文字

案例学习目标 学习使用蒙版图形制作动画效果。

案例知识要点 使用"新建合成"命令新建合成并为其命名；使用"导入"命令导入素材文件；使用矩形工具制作蒙版效果。遮罩文字效果如图3-2所示。

效果所在位置 Ch03\遮罩文字\遮罩文字.aep。

图3-2

**01** 按Ctrl+N快捷键，弹出"合成设置"对话框，在"合成名称"文本框中输入"最终效果"，其他选项的设置如图3-3所示，单击"确定"按钮，创建一个新的合成"最终效果"。

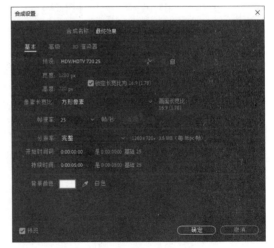

图3-3

**02** 选择"文件 > 导入 > 文件"命令，弹出"导入文件"对话框，选择学习资源中的"Ch03\遮罩文字\（Footage）\01.mp4和02.png"文件，单击"导入"按钮，导入文件到"项目"面板中，如图3-4所示。

**03** 在"项目"面板中选中"01.mp4"和"02.png"文件，并将它们拖曳到"时间轴"面板中，图层的排列如图3-5所示。"合成"面板中的效果如图3-6所示。

图3-4

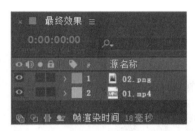
图3-5

图3-6

**04** 选中"02.png"图层，按P键展开"位置"属性，设置"位置"为1013.0,312.0，如图3-7所示。"合成"面板中的效果如图3-8所示。

图3-7

图3-8

**05** 保持"02.png"图层处于选中状态，将时间标签放置在0:00:01:05的位置。选择矩形工具▭，在"合成"面板中拖曳鼠标绘制一个矩形蒙版，如图3-9所示。按两次M键展开"蒙版"属性。单击"蒙版路径"选项左侧的"关键帧自动记录器"按钮◉，如图3-10所示，记录第1个蒙版路径关键帧。

图3-9

图3-10

**06** 将时间标签放置在0:00:02:05的位置。选择选取工具▶，在"合成"面板中同时选中蒙版形状右边的两个控制点，将控制点向右拖曳到图3-11所示的位置，在0:00:02:05的位置再次记录1个关键帧，如图3-12所示。

图3-11　　　　　　　　　　　　　　　　　图3-12

**07** 遮罩文字制作完成，效果如图3-13所示。

图3-13

## 3.2.2 使用蒙版设计图形

**01** 在"项目"面板中单击鼠标右键，在弹出的快捷菜单中选择"新建合成"命令，弹出"合成设置"对话框，在"合成名称"文本框中输入"蒙版演示"，其他选项的设置如图3-14所示，设置完成后，单击"确定"按钮。

**02** 在"项目"面板中双击，在弹出的"导入文件"对话框中选择学习资源中的"基础素材\Ch03\02.jpg 、03.png、04.png、05.png"文件，单击"打开"按钮，将文件导入"项目"面板中，如图3-15所示。

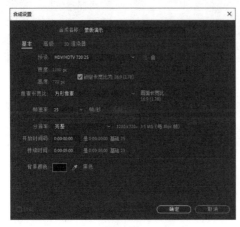

图3-14　　　　　　　　　　　　　　　　　图3-15

**03** 在"项目"面板中保持文件处于选中状态,将它们拖曳到"时间轴"面板中,图层的排列如图3-16所示。单击"05.png"图层和"04.png"图层左侧的"眼睛"按钮◉,将其隐藏,如图3-17所示。选中"03.png"图层,选择椭圆工具◉,按住Shift键,在"合成"面板中拖曳鼠标绘制一个圆形蒙版,效果如图3-18所示。

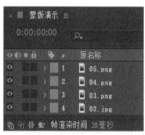

图3-16　　　　　　　　　　图3-17　　　　　　　　　　　　图3-18

**04** 选中"04.png"图层,并单击此图层最左侧的方框,显示图层,如图3-19所示。选择矩形工具▢,在"合成"面板中拖曳鼠标绘制一个矩形蒙版,效果如图3-20所示。

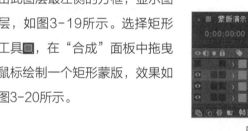

图3-19　　　　　　　　　　图3-20

**05** 选中"05.png"图层,并单击此图层最左侧的方框,显示图层,如图3-21所示。选择钢笔工具✎,在"合成"面板中的相框的周围进行绘制,如图3-22所示。

图3-21　　　　　　　　　　图3-22

## 3.2.3 调整蒙版图形

　　选择钢笔工具✎,在"合成"面板中绘制蒙版图形,如图3-23所示。选择转换"顶点"工具◣,单击一个节点,则该节点处的线段会转换为折角;在节点处拖曳鼠标可以拖出调节手柄,拖曳调节手柄可以调整线段的弧度,如图3-24所示。

图3-23 图3-24

使用添加"顶点"工具和删除"顶点"工具可以添加或删除节点。选择添加"顶点"工具，将鼠标指针移动到需要添加节点的线段处并单击，则该线段上会添加一个节点，如图3-25所示。选择删除"顶点"工具，单击任意节点，则该节点将被删除，如图3-26所示。

图3-25 图3-26

使用蒙版羽化工具可以对蒙版进行羽化。选择蒙版羽化工具，将鼠标指针移动到线段上，鼠标指针变为形状时，如图3-27所示，单击可以添加一个控制点。拖曳控制点可以对蒙版进行羽化，如图3-28所示。

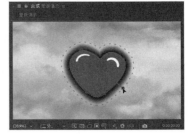

图3-27 图3-28

## 3.2.4 蒙版的变换

选择选取工具，在蒙版边线上双击，会创建一个蒙版控制框，将鼠标指针移动到控制框的右上角，出现旋转光标，拖曳鼠标可以对整个蒙版图形进行旋转，如图3-29所示。将鼠标指针移动到控制框的内部，出现移动光标，拖曳鼠标可以调整控制框的位置，如图3-30所示。

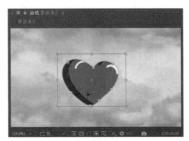

图3-29 图3-30

# 3.3 蒙版的基本操作

在After Effects中，可以使用多种方式编辑蒙版，可以在"时间轴"面板中调整蒙版的属性，用蒙版来制作动画。下面对蒙版的基本操作进行详细讲解。

## 3.3.1 课堂案例——加载条效果

案例学习目标 学习蒙版的基本操作。

案例知识要点 使用"导入"命令导入素材文件；使用矩形工具制作蒙版效果；使用"时间轴"面板设置蒙版属性。加载条效果如图3-31所示。

效果所在位置 Ch03\加载条效果\加载条效果.aep。

图3-31

**01** 按Ctrl+N快捷键，弹出"合成设置"对话框，在"合成名称"文本框中输入"最终效果"，将"背景颜色"设为黄绿色（R、G、B值分别为225、253、177），其他选项的设置如图3-32所示，单击"确定"按钮，创建一个新的合成"最终效果"。

**02** 选择"文件 > 导入 > 文件"命令，在弹出的"导入文件"对话框中选择学习资源中的"Ch03\加载条效果\（Footage）\01.png ～ 03.png"文件，单击"导入"按钮，导入文件到"项目"面板中，如图3-33所示。

图3-32

图3-33

**03** 在"项目"面板中选中"01.png"和"02.png"文件，并将它们拖曳到"时间轴"面板中，图层的排列如图3-34所示。"合成"面板中的效果如图3-35所示。

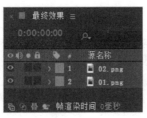

图3-34

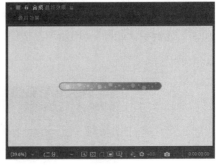

图3-35

**04** 选中"02.png"图层，选择矩形工具█，在"合成"面板中拖曳鼠标绘制一个矩形蒙版，如图3-36所示。按两次M键展开"蒙版"属性。单击"蒙版路径"选项左侧的"关键帧自动记录器"按钮█，如图3-37所示，记录第1个蒙版路径关键帧。

**05** 将时间标签放置在0:00:02:24的位置。选择选取工具█，在"合成"面板中同时选中蒙版形状右边的两个控制点，将控制点向右拖曳到图3-38所示的位置，在0:00:02:24的位置再次记录1个关键帧。

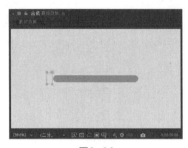

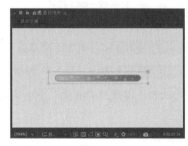

| 图3-36 | 图3-37 | 图3-38 |

**06** 将时间标签放置在0:00:00:00的位置。在"时间轴"面板中设置"蒙版羽化"为（80.0,80.0）像素，"蒙版扩展"为-10.0像素，如图3-39所示。

**07** 分别单击"蒙版羽化"选项和"蒙版扩展"选项左侧的"关键帧自动记录器"按钮█，如图3-40所示，记录第1个关键帧。

**08** 将时间标签放置在0:00:02:24的位置。设置"蒙版羽化"为（0.0,0.0）像素，"蒙版扩展"为0.0像素，如图3-41所示，记录第2个关键帧。

| 图3-39 | 图3-40 | 图3-41 |

**09** 将时间标签放置在0:00:00:00的位置。在"项目"面板中选中"03.png"文件，并将其拖曳到"时间轴"面板中，如图3-42所示。按P键展开"位置"属性，设置"位置"为（340.0,360.0），如图3-43所示。

| 图3-42 | 图3-43 |

**10** 单击"位置"选项左侧的"关键帧自动记录器"按钮██，如图3-44所示，记录第1个关键帧。将时间标签放置在0:00:02:24的位置，设置"位置"为（944.0,360.0），如图3-45所示，记录第2个关键帧。加载条效果制作完成，如图3-46所示。

图3-44

图3-45

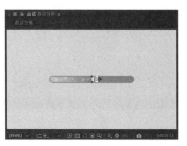

图3-46

## 3.3.2　编辑蒙版的多种方式

"工具"面板中除了创建蒙版的工具外，还提供了多种修整和编辑蒙版的工具。

选取工具██：使用此工具可以在"合成"面板或者"图层"面板中选择和移动路径上的节点或者整个路径。

添加"顶点"工具██：使用此工具可以增加路径上的节点。

删除"顶点"工具██：使用此工具可以减少路径上的节点。

转换"顶点"工具██：使用此工具可以改变路径的曲率。

蒙版羽化工具██：使用此工具可以改变蒙版边缘的柔化程度。

> **提示** 在"合成"面板中可以看到很多图层，如果在其中调整蒙版，很有可能会遇到干扰，不方便操作。这里建议双击目标图层，然后到"图层"面板中对蒙版进行各种操作。

### 1. 节点的选择和移动

使用选取工具██选中目标图层，然后直接单击路径上的节点，可以通过拖曳鼠标或按方向键的方式来实现节点的位置移动。如果要取消选择，只需在空白处单击即可。

### 2. 线段的选择和移动

使用选取工具██选中目标图层，然后直接单击路径上两个节点之间的线段，可以通过拖曳鼠标或按方向键来实现线段的位置移动。如果要取消选择，只需在空白处单击即可。

### 3. 多个节点或者多条线段的选择、移动、旋转和缩放

使用选取工具██选中目标图层，首先单击路径上的第一个节点或第一条线段，然后在按住Shift键的同时单击其他的节点或者线段，可实现同时选择的目的。也可以拖曳出一个选区，用框选的方法进行多个节点、多条线段的选择，或者是全部选择。

选中这些节点或者线段之后，在被选择的对象上双击就可以形成一个控制框。在这个控制框中，可以非常方便地进行位置移动、旋转或者缩放等操作，如图3-47、图3-48和图3-49所示。

  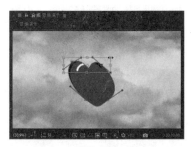

图3-47　　　　　　　　图3-48　　　　　　　　图3-49

全选路径的快捷方法描述如下。

● 通过框选的方法全选路径，但是不会出现控制框，如图3-50所示。

● 按住Alt键的同时单击路径，即可完成路径的全选，但同样不会出现控制框。

● 在没有选择多个节点的情况下，在路径上双击即可全选路径，并出现一个控制框。

● 在"时间轴"面板中选中有蒙版的图层，按两次M键展开"蒙版"属性，如图3-51所示，单击属性名称或蒙版名称即可全选路径，此方法也不会出现控制框。

图3-50　　　　　　　　图3-51

> **提示**　将节点全部选中，选择"图层 > 蒙版和形状路径 > 自由变换点"命令，或按Ctrl+T快捷键将出现控制框。

## 4．多个蒙版上下层的调整

当图层中有多个蒙版时，就存在上下层的关系，此关系影响着一个非常重要的内容——蒙版混合模式的选择。因为After Effects处理多个蒙版的先后次序是从上至下的，所以上下层的排列直接影响最终的混合效果。

在"时间轴"面板中直接单击某个蒙版的名称，然后上下拖曳即可改变蒙版的上下层次，如图3-52所示。

图3-52

在"合成"面板或者"图层"面板中，选中一个蒙版，然后选择以下菜单命令，可以实现蒙版层次的调整。

● 选择"图层 > 排列 > 将蒙版置于顶层"命令，或按Ctrl+Shift+ ] 快捷键，可将选中的蒙版放置到顶层。

● 选择"图层 > 排列 > 使蒙版前移一层"命令，或按Ctrl+ ] 快捷键，可将选中的蒙版往上移动一层。

● 选择"图层 > 排列 > 使蒙版后移一层"命令，或按Ctrl + [ 快捷键，可将选中的蒙版往下移动一层。

● 选择"图层 > 排列 > 将蒙版置于底层"命令，或按Ctrl+ Shift+ [ 快捷键，可将选中的蒙版放置到底层。

## 3.3.3 在"时间轴"面板中调整蒙版的属性

蒙版不只是一个简单的轮廓，它还具有其他的属性。在"时间轴"面板中，可以对蒙版的其他属性进行详细设置。

单击图层标签色块左侧的展开按钮，展开图层属性，如果图层中有蒙版，就可以看到蒙版名称，单击蒙版色块左侧的展开按钮，即可展开各个蒙版的属性，如图3-53所示。

> **提示** 选中某个图层，连续按两次M键，即可展开此蒙版的所有属性。

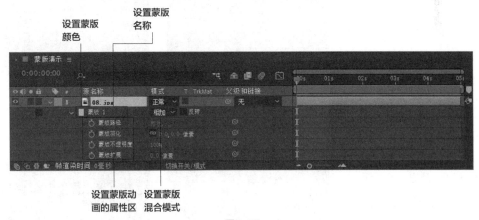

图3-53

● 设置蒙版颜色：单击蒙版色块，将弹出"蒙版颜色"对话框，可以为不同的蒙版选择不同的颜色以便区分。

● 设置蒙版名称：按Enter键将出现修改框，修改完成后再次按Enter键即可。

● 设置蒙版混合模式：当前图层有多个蒙版时，可以在此选择各种混合模式。需要注意的是，多个蒙版的上下层关系对混合模式的最终应用效果有很大影响。

无：蒙版无模式。选择此模式的路径将不具有蒙版作用，仅作为路径存在，如图3-54和图3-55所示。

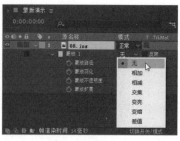
图3-54

图3-55

相加：蒙版相加模式。将当前蒙版区域与其上的蒙版区域进行相加处理，对于蒙版重叠处的不透明度，则采取在不透明度值的基础上再进行百分比相加的方式处理。例如，某蒙版起作用前，蒙版重叠区域画面的不透明度为50%，如果当前蒙版的不透明度是50%，运算后最终得出的蒙版重叠区域画面的不透明度是70%，如图3-56和图3-57所示。

图3-56

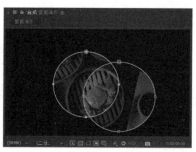
图3-57

相减：蒙版相减模式。将当前蒙版上层所有蒙版组合的结果进行相减，当前蒙版区域中的内容不显示。如果同时调整蒙版的不透明度，则不透明度值越高，蒙版重叠区域内越透明，因为相减混合完全起作用；而不透明度值越低，蒙版重叠区域内变得越不透明，相减混合的作用越来越弱，如图3-58和图3-59所示。例如，某蒙版起作用前，蒙版重叠区域画面的不透明度为80%，如果当前蒙版的不透明度是50%，运算后最终得出的蒙版重叠区域画面的不透明度为40%，如图3-60和图3-61所示。

图3-58
上下两个蒙版不透明度都为100%的情况

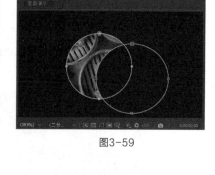
图3-59

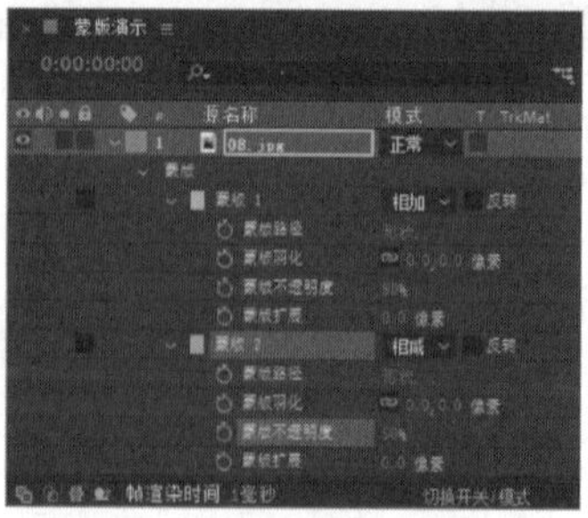

图3-60
上层蒙版的不透明度为80%，下层蒙版的不透明度为50%的情况

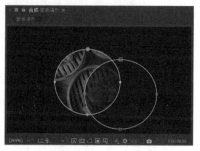
图3-61

交集：蒙版交集模式。采取交集方式混合蒙版，只显示当前蒙版与上层所有蒙版组合的结果相交的部分，相交区域内的不透明度是在上层蒙版的基础上再进行百分比运算得到的，如图3-62和图3-63所示。例如，某蒙版起作用前，蒙版重叠区域画面的不透明度为60%，如果当前蒙版的不透明度为50%，则运算后最终得出的画面不透明度为30%，如图3-64和图3-65所示。

图3-62

上下两个蒙版不透明度都为100%的情况

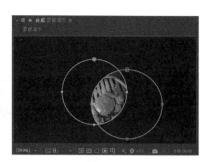

图3-63

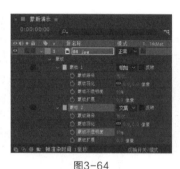

图3-64

上层蒙版的不透明度为60%，下层蒙版的不透明度为50%的情况

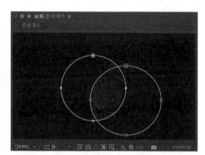

图3-65

变亮：蒙版变亮模式。对可视区域来说，此模式与"相加"模式一样，但对于蒙版重叠处的不透明度，"变亮"模式采用的是不透明度值较高的那个。例如，某蒙版起作用前，蒙版重叠区域画面的不透明度为60%，如果当前蒙版的不透明度为80%，运算后最终得出的蒙版重叠区域画面的不透明度为80%，如图3-66和图3-67所示。

变暗：蒙版变暗模式。对可视区域来说，此模式与"相减"模式一样，但对于蒙版重叠处的不透明度，"变暗"模式采用的是不透明度值较低的那个。例如，某蒙版起作用前，蒙版重叠区域画面不透明度为40%，如果当前蒙版的不透明度为100%，运算后最终得出的蒙版重叠区域画面的不透明度为40%，如图3-68和图3-69所示。

图3-66

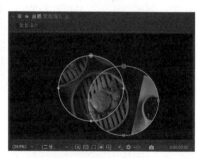

图3-67

图3-68

图3-69

差值：蒙版差值模式。此模式对可视区域采取的是并集减交集的方式。也就是说，先将当前蒙版与上层所有蒙版组合的结果进行并集运算，然后再将当前蒙版与上层所有蒙版组合的结果的相交部分进行相减。对于不透明度，与上层蒙版组合的结果未相交的部分采用当前蒙版的不透明度值，相交部分则采用两者的差值，如图3-70和图3-71所示。例如，某蒙版起作用前，蒙版重叠区域画面的不透明度为40%，如果当前蒙版的不透明度为60%，运算后最终得出的蒙版重叠区域画面的不透明度为20%；当前蒙版未重叠区域画面的不透明度为60%，如图3-72和图3-73所示。

图3-70
上下两个蒙版不透明度都为100%
的情况

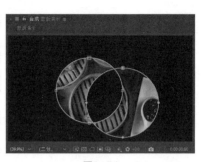

图3-71

图3-72
上层蒙版的不透明度为40%，下层
蒙版的不透明度为60%的情况

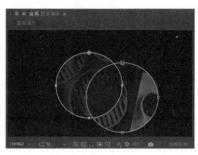

图3-73

● 反转：将蒙版进行反向处理，效果如图3-74和图3-75所示。

图3-74
未激活反转时的状况

图3-75
激活反转后的状况

● 设置蒙版动画的属性区：使用它可以为各蒙版属性添加关键帧动画效果。

蒙版路径：用于设置蒙版的形状。单击右侧的"形状"文字按钮，可以弹出"蒙版形状"对话框，选择"图层 > 蒙版 > 蒙版形状"命令也可以打开该对话框。

蒙版羽化：蒙版羽化控制，可以通过羽化蒙版得到更自然的融合效果，并且x轴向和y轴向可以有不同的羽化程度，如图3-76所示。单击▦按钮，可以将两个轴向锁定或释放。

图3-76

蒙版不透明度：用于调整蒙版的不透明度，如图3-77和图3-78所示。

图3-77

不透明度为100%时的状况

图3-78

不透明度为50%时的状况

蒙版扩展：用于调整蒙版的扩展程度，正值为扩展蒙版区域，负值为收缩蒙版区域，如图3-79和图3-80所示。

图3-79

蒙版扩展设置为50时的状况

图3-80

蒙版扩展设置为-50时的状况

## 3.3.4　用蒙版制作动画

**01** 在"时间轴"面板中选中图层，选择星形工具，在"合成"面板中拖曳鼠标绘制一个星形蒙版，如图3-81所示。

**02** 选择添加"顶点"工具，在刚刚绘制的星形蒙版上添加10个节点，如图3-82所示。

图3-81

图3-82

**03** 选择选取工具，将角点处的节点选中，如图3-83所示。选择"图层 > 蒙版和形状路径 > 自由变换点"命令，出现控制框，如图3-84所示。

**04** 按住Ctrl+Shift快捷键的同时，向右上方拖曳右下角的控制点，拖曳出图3-85所示的效果。

图3-83

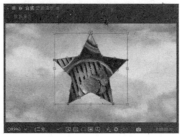

图3-84

图3-85

**05** 调整完成后，在"时间轴"面板中按两次M键，展开蒙版的所有属性，单击"蒙版路径"属性前的"关键帧自动记录器"按钮，生成第1个关键帧，如图3-86所示。

图3-86

**06** 将当前时间标签移动到0:00:03:00的位置，选中内侧的节点，如图3-87所示。按Ctrl+T快捷键，出现控制框，按住Ctrl+Shift快捷键的同时，向右上方拖曳右下角的控制点，拖曳出图3-88所示的效果。

图3-87

图3-88

**07** 调整完成后，在"时间轴"面板中，"蒙版路径"属性会自动生成第2个关键帧，如图3-89所示。

图3-89

**08** 选择"效果 > 生成 > 描边"命令，在"效果控件"面板中进行设置，为蒙版路径添加描边效果，如图3-90所示。

**09** 选择"效果 > 风格化 > 发光"命令，在"效果控件"面板中进行设置，为蒙版路径添加发光效果，如图3-91所示。

图3-90

图3-91

**10** 按0键预览蒙版动画，按任意键结束预览。

**11** 在"时间轴"面板中单击"蒙版路径"属性名称，同时选中两个关键帧，如图3-92所示。

**12** 选择"窗口 > 蒙版插值"命令，打开"蒙版插值"面板，在面板中进行图3-93所示的设置。

图3-92　　　　　　　　　　　　　　　　　图3-93

关键帧速率：决定每秒在两个关键帧之间产生多少个关键帧。

"关键帧"字段（双重比率）：勾选此复选框，关键帧数目会增加为"关键帧速率"值的两倍。还有一种情况会在场中生成关键帧，那就是当"关键帧速率"的值大于合成项目的帧速率时。

使用"线性"顶点路径：勾选此复选框，路径会沿直线运动，否则沿曲线运动。

抗弯强度：在节点的变化过程中，可以通过设置"抗弯强度"的值，决定是采用拉伸的方式还是弯曲的方式处理节点的变化。

品质：用于设置动画的质量。如果值为0，那么第1个关键帧的点必须与第2个关键帧的相同点对应。例如，第1个关键帧的第8个点必须对应第2个关键帧的第8个点。如果值为100，那么第1个关键帧的点可以模糊地对应第2个关键帧的任何点。这样，越大的值得到的动画效果越平滑、越自然，但是计算的时间也就越长。

添加蒙版路径顶点：勾选此复选框，将在变化过程中自动增加蒙版节点。其下有两个选项，第1个选项用于设置数值，第2个选项用于选择After Effects提供的3种增加节点的方式。"顶点之间的像素"表示每多少个像素增加一个节点，如果该选项左侧的数值设置为18，则每18个像素增加一个节点；"总顶点数"决定节点的总数，如果该选项左侧的数值设置为60，则由60个节点组成一个蒙版；"轮廓的百分比"以蒙版周长的百分比的距离放置节点，如果该选项左侧的数值设置为5，则表示每隔蒙版周长的5%的距离放置一个节点，最后蒙版将由20个节点构成，如果设置为1%，则最后蒙版将由100个节点构成。

配合法：将一个蒙版路径上的顶点与另一个蒙版路径上的顶点进行匹配的算法，其中共有3个选项。"自动"——表示自动处理，"曲线"——当蒙版路径上有曲线时选择此选项，"多角线"——当蒙版路径上没有曲线时选择此选项。

使用1：1顶点匹配：使用1：1的对应方式，如果前后两个关键帧里的蒙版节点数目相同，此选项将强制节点绝对对应，即第1个节点对应第1个节点，第2个节点对应第2个节点；但如果节点数目不同，将会出现一些无法预料的效果。

第一顶点匹配：决定是否强制起始点对应。

**13** 单击"应用"按钮应用设置，按0键预览优化后的蒙版动画。

# 课堂练习——调色效果

**练习知识要点** 使用"色阶"命令调整图像的明度,使用"定向模糊"命令制作图像模糊效果,使用钢笔工具制作蒙版效果。调色效果如图3-94所示。

**效果所在位置** Ch03\调色效果\调色效果.aep。

图3-94

# 课后习题——动感相册效果

**习题知识要点** 使用"导入"命令导入素材,使用矩形工具和椭圆工具制作蒙版,使用关键帧制作蒙版动画效果。动感相册效果如图3-95所示。

**效果所在位置** Ch03\动感相册效果\动感相册效果.aep。

图3-95

# 第 4 章

## 应用时间轴制作效果

**本章介绍**

应用时间轴制作效果是After Effects的重要功能。本章将详细讲解时间轴的相关知识、重置时间的方法、关键帧的概念、关键帧的基本操作等内容。通过学习本章的内容，读者可以学会应用时间轴制作视频效果。

**学习目标**

●熟悉时间轴的相关知识

●理解重置时间的方法

●理解关键帧的概念

●掌握关键帧的基本操作方法

**技能目标**

●掌握"倒放文字"的制作方法

●掌握"旅游广告"的制作方法

# 4.1 时间轴

通过对时间轴的控制，可以使以正常速度播放的画面加快或减慢，甚至反向播放，还可以产生一些非常有趣的或者富有戏剧性的动态图像效果。

## 4.1.1 课堂案例——倒放文字

案例学习目标 学习使用"时间伸缩"命令制作动画倒放效果等。

案例知识要点 使用"导入"命令导入素材文件；使用"位置"属性和"不透明度"属性制作文字动画效果；使用"时间伸缩"命令和"入"命令制作动画倒放效果。倒放文字效果如图4-1所示。

效果所在位置 Ch04\倒放文字\倒放文字.aep。

图4-1

**01** 按Ctrl+N快捷键，弹出"合成设置"对话框，在"合成名称"文本框中输入"文字"，其他选项的设置如图4-2所示，单击"确定"按钮，创建一个新的合成"文字"。

**02** 选择"文件 > 导入 > 文件"命令，弹出"导入文件"对话框，选择学习资源中的"Ch04\倒放文字\（Footage）\01.mp4和02.png"文件，单击"导入"按钮，导入文件到"项目"面板中。

**03** 在"项目"面板中选中"02.png"文件，并将其拖曳到"时间轴"面板中。"合成"面板中的效果如图4-3所示。

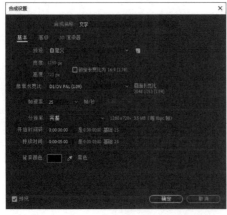

图4-2

图4-3

**04** 将时间标签放置在0:00:03:00的位置。按P键展开"位置"属性，设置"位置"为972.0,360.0，单击"位置"选项左侧的"关键帧自动记录器"按钮，如图4-4所示，记录第1个关键帧。将时间标签放置在0:00:04:00的位置，设置"位置"为972.0,903.0，如图4-5所示，记录第2个关键帧。

图4-4　　　　　　　　　　　图4-5

**05** 将时间标签放置在0:00:03:00的位置。按T键展开"不透明度"属性，单击"不透明度"选项左侧的"关键帧自动记录器"按钮◎，如图4-6所示，记录第1个关键帧。将时间标签放置在0:00:04:15的位置，设置"不透明度"为0%，如图4-7所示，记录第2个关键帧。

图4-6　　　　　　　　　　　图4-7

**06** 按Ctrl+N快捷键，弹出"合成设置"对话框，在"合成名称"文本框中输入"最终效果"，其他选项的设置如图4-8所示，单击"确定"按钮，创建一个新的合成"最终效果"。

**07** 在"项目"面板中选中"01.mp4"文件，并将其拖曳到"时间轴"面板中。按S键展开"缩放"属性，设置"缩放"为110.0%,110.0%，如图4-9所示。

图4-8　　　　　　　　　　　图4-9

**08** 在"项目"面板中选中"文字"合成，将其拖曳到"时间轴"面板中并放置在"01.mp4"图层的上方。选择"图层 > 时间 > 时间伸缩"命令，弹出"时间伸缩"对话框，设置"拉伸因数"为-100%，如图4-10所示，单击"确定"按钮。时间标签自动移到0:00:00:00的位置，如图4-11所示。

图4-10　　　　　　　　　　　图4-11

**09** 按 [ 键将素材对齐，如图4-12所示，实现倒放功能。倒放文
字效果制作完成，如图4-13所示。

图4-12　　　　　　　　　　　　　　　　　　图4-13

## 4.1.2　使用时间轴控制速度

选择"文件 > 打开项目"命令，在打开的对话框中选择学习资源中的"基础素材\Ch04\小视频\小
视频.aep"文件，单击"打开"按钮打开文件。

在"时间轴"面板中单击■按钮，展开时间伸缩属性，如图4-14所示。伸缩属性可以加快或者放慢
动态素材的播放速度，默认情况下伸缩值为100%，表示以正常速度播放片段；当伸缩值小于100%时，
会加快播放速度；当伸缩值大于100%时，将减慢播放速度。由于时间拉伸不能形成关键帧，因此不能
制作时间变速的动画效果。

图4-14

## 4.1.3　设置声音的时间轴属性

除了对视频应用伸缩功能，在After Effects里还可以对音频应用伸缩功能。调整音频图层的伸缩值
可以发现，随着伸缩值的变化，声音也在变化，如图4-15所示。

如果某个素材图层同时包含音频和视频信息，在进行伸缩速度的调整时，只希望影响视频信息，而
音频信息保持正常速度播放。这时，就需要将该素材图层复制一份，两个图层中一个关闭视频信息，保
留音频部分，不做伸缩速度的改变；另一个关闭音频信息，保留视频部分，进行伸缩速度的调整。

图4-15

## 4.1.4　使用入和出控制面板

入和出参数面板可以方便地控制图层的入点和出点信息，不过它还隐藏了一些快捷功能，通过这些快捷功能可以改变素材片段的播放速度和伸缩值。

在"时间轴"面板中，将当前时间标签调整到某个时间位置，按住Ctrl键的同时单击入点或者出点参数，即可改变素材片段的播放速度，如图4-16所示。

图4-16

## 4.1.5　时间轴上的关键帧

如果素材图层上已经制作了关键帧动画，那么在改变其伸缩值时，不仅会影响素材本身的播放速度，关键帧之间的时间距离也会随之改变。例如，将伸缩值设置为50%，那么原来关键帧之间的距离就会缩短一半，关键帧动画的播放速度会加快一倍，如图4-17所示。

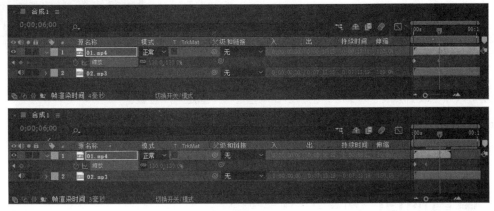

图4-17

如果不希望在改变伸缩值时影响关键帧的时间位置，则需要全选当前图层的所有关键帧，然后选择"编辑 > 剪切"命令，或按Ctrl+X快捷键，暂时将关键帧信息剪切到系统剪贴板中，调整伸缩值改变素材图层的播放速度后，选取使用了关键帧的属性，再选择"编辑 > 粘贴"命令，或按Ctrl+V快捷键，将关键帧粘贴回当前图层。

## 4.1.6　颠倒时间

在视频节目中，经常会看到倒放的动态影像，利用伸缩属性可以很方便地实现这一点——把伸缩

值调整为负值。例如，保持片段原来的播放速度，想要实现倒放，可以将伸缩值设置为-100%，如图
4-18所示。

图4-18

当把伸缩属性设置为负值时，图层上会出现蓝色的斜线，表示已经颠倒了时间。但是图层会移动到
别的地方，这是因为在颠倒时间的过程中，是以图层的入点为变化的基准点的，所以反向后会使图层位
置发生变化，将其拖曳到合适位置即可。

## 4.1.7 确定时间调整基准点

在进行时间伸缩的过程中，我们发现变化时的基准点在默认情
况下是以入点为标准的，特别是在颠倒时间的练习中可以更明显地
感受到这一点。其实在After Effects中，时间调整的基准点同样是可
以改变的。

单击伸缩参数，弹出"时间伸缩"对话框，在对话框中的"原
位定格"区域中可以设置在改变时间拉伸值时图层变化的基准点，
如图4-19所示。

图4-19

图层进入点：以图层入点为基准，也就是在调整过程中固定入点位置。

当前帧：以当前时间标签为基准，也就是在调整过程中同时影响入点和出点位置。

图层输出点：以图层出点为基准，也就是在调整过程中固定出点位置。

# 4.2 重置时间

重置时间是一种可以随时重新设置素材片段播放速度的功能。与时间伸缩不同的是，它可以设置关
键帧以进行各种时间变速动画的创作。重置时间可以应用在动态素材上，如视频素材图层、音频素材图
层和嵌套合成等。

## 4.2.1 应用时间重映射命令

在"时间轴"面板中选择视频素材图层，选择"图层 > 时间 > 启用时间重映射"命令，或按
Ctrl+Alt+T快捷键，激活"时间重映射"属性，如图4-20所示。

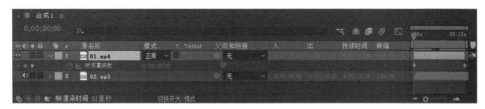

图4-20

添加"时间重映射"选项后会自动在视频图层的入点和出点位置添加一个关键帧,入点位置的关键帧记录了片段的0:00:00:00这个时间,出点位置的关键帧记录了片段最后的时间,也就是0:00:17:16。

## 4.2.2  时间重映射的方法

**01** 在"时间轴"面板中,移动当前时间标签到0:00:05:00的位置,选中"01.mp4"图层,单击"在当前时间添加或移除关键帧"按钮█,如图4-21所示,生成一个关键帧,这个关键帧记录了片段的0:00:00:00到0:00:05:00这段时间。

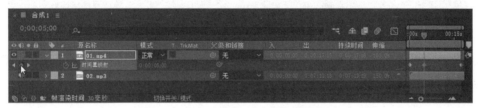

图4-21

**02** 将刚刚生成的关键帧往左边拖曳,移动到0:00:02:00的位置,这样得到的结果就是从开始一直到0:00:02:00的位置,会播放片段0:00:00:00到0:00:05:00的内容。因此,从开始到0:00:02:00的位置,素材片段会快速播放,而过了0:00:02:00以后,素材片段会慢速播放,因为最后的那个关键帧并没有移动位置,如图4-22所示。

图4-22

**03** 按0键预览动画效果,按任意键结束预览。

**04** 将当前时间标签移动到0:00:05:00的位置,选中"01.mp4"图层,单击"在当前时间添加或移除关键帧"按钮█,生成一个关键帧,这个关键帧记录了片段的0:00:07:10这个时间,如图4-23所示。

图4-23

**05** 将记录了片段的0:00:07:10的位置的关键帧移动到0:00:01:00处，此时会播放片段0:00:00:00
到0:00:07:10的内容，且速度非常快；然后在0:00:01:00到0:00:02:00这段时间，会反向播放片段
0:00:07:10到0:00:05:00的内容；过了0:00:02:00以后直到最后，会重新播放0:00:05:00到0:00:17:16
的内容，如图4-24所示。

图4-24

**06** 可以切换到"图形编辑器"模式下，调整关键帧的运动速率，形成各种变速和时间变化，如图4-25
所示。

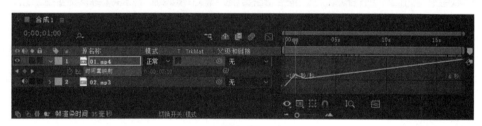

图4-25

# 4.3 理解关键帧的概念

在After Effects中，把包含关键信息的帧称为关键帧，锚点、旋转和不透明度等所有能够用数值表
示的信息都包含在关键帧中。

在制作电影时，通常要制作许多不同的片段，然后将所有片段连接到一起才能制作成电影。对制作
的人来说，每一个片段的开头和结尾都要做上一个标记，这样在看到标记时就知道这一段内容是什么。

在After Effects中，依据前后两个关键帧，便可识别动画开始和结束的状态并自动计算中间的动画
过程（此过程也叫插值运算），从而产生视觉动画。这也意味着，想要制作关键帧动画，就必须拥有两
个或两个以上有变化的关键帧。

# 4.4 关键帧的基本操作

在After Effects中，可以添加、选择和编辑关键帧，还可以使用关键帧自动记录器来记录关键帧。下面将对关键帧的基本操作进行具体讲解。

## 4.4.1 课堂案例——旅游广告

案例学习目标 学习使用关键帧制作旅游广告。

案例知识要点 使用图层编辑飞机位置或方向；使用"动态草图"命令绘制动画路径并自动添加关键帧；使用"平滑器"命令自动减少关键帧。旅游广告效果如图4-26所示。

效果所在位置 Ch04\旅游广告\旅游广告.aep。

图4-26

**01** 按Ctrl+N快捷键，弹出"合成设置"对话框，在"合成名称"文本框中输入"效果"，其他选项的设置如图4-27所示，单击"确定"按钮，创建一个新的合成"效果"。选择"文件 > 导入 > 文件"命令，在弹出的"导入文件"对话框中选择学习资源中的"Ch04\旅游广告\ (Footage) \ 01.jpg ~ 04.png"文件，单击"导入"按钮，导入文件到"项目"面板中，如图4-28所示。

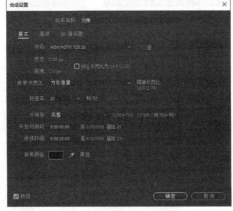

图4-27

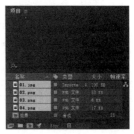

图4-28

**02** 在"项目"面板中选中"01.jpg""02.png"和"03.png"文件，并将它们拖曳到"时间轴"面板中，图层的排列如图4-29所示。选中"02.png"图层，按P键展开"位置"属性，设置"位置"为705.0,334.0，如图4-30所示。

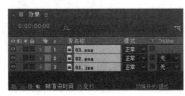

图4-29

图4-30

**03** 选中"03.png"图层，选择向后平移（锚点）工具█，在"合成"面板中按住鼠标左键并拖曳，调整飞机中心点的位置，如图4-31所示。按P键展开"位置"属性，设置"位置"为909.0,685.0，如图4-32所示。

图4-31                                      图4-32

**04** 按R键展开"旋转"属性，设置"旋转"为0x+57.0°，如图4-33所示。"合成"面板中的效果如图4-34所示。

图4-33                                      图4-34

**05** 选择"窗口 > 动态草图"命令，弹出"动态草图"面板，在该面板中设置参数，如图4-35所示，单击"开始捕捉"按钮。当"合成"面板中的鼠标指针变成十字形状时，在面板中绘制运动路径，如图4-36所示。

图4-35                                      图4-36

**06** 选择"图层 > 变换 > 自动定向"命令，弹出"自动方向"对话框，在对话框中选择"沿路径定向"选项，如图4-37所示，单击"确定"按钮。"合成"面板中的效果如图4-38所示。

图4-37                                      图4-38

**07** 按P键展开"位置"属性，单击属性名称将所有关键帧选中，选择"窗口 > 平滑器"命令，打开"平滑器"面板，在该面板中设置参数，如图4-39所示，单击"应用"按钮。"合成"面板中的效果如图4-40所示。设置完成后，动画就会变得更加流畅。

图4-39　　　　　　　　　　　　　图4-40

**08** 在"项目"面板中选中"04.png"文件，将其拖曳到"时间轴"面板中，如图4-41所示。"合成"面板中的效果如图4-42所示。至此，旅游广告制作完成。

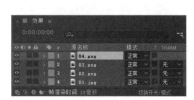

图4-41　　　　　　　　　　　　　图4-42

## 4.4.2　关键帧自动记录器

在After Effects中，可以采用多种方法调整和设置图层的各个属性，但通常情况下，这种设置被认为是针对整个图层的。如果要进行动画处理，则必须单击"关键帧自动记录器"按钮，记录两个或两个以上的、包含不同变化信息的关键帧，如图4-43所示。

图4-43

关键帧自动记录器为启用状态时，After Effects将自动记录当前时间标签下对应属性的任何变动，并生成关键帧。如果关闭属性的关键帧自动记录器，则此属性的所有已有的关键帧将被删除，由于缺少关键帧和丢失了动画信息，再次调整属性将被视为针对整个图层进行调整。

### 4.4.3 添加关键帧

添加关键帧的方式有很多，基本方法是先激活某属性的关键帧自动记录器，然后改变属性值，在当前时间标签处就会形成关键帧，具体操作步骤如下。

（1）选择某图层，单击展开按钮█或按属性对应的快捷键，展开图层的属性。

（2）将当前时间标签移动到要建立第1个关键帧的时间位置。

（3）单击某属性的"关键帧自动记录器"按钮◎，在当前时间标签位置将产生第1个关键帧，并调整此属性的数值。

（4）将当前时间标签移动到要建立下一个关键帧的时间位置，在"合成"面板或者"时间轴"面板中调整相应的图层属性，将自动产生关键帧。

（5）按0键预览动画效果。

> **提示** 如果某图层的"蒙版"属性打开了关键帧自动记录器，那么在"图层"面板中调整蒙版时也会产生关键帧信息。

另外，单击"时间轴"面板中的关键帧控制区◀◇▶中间的◇按钮，可以添加关键帧；如果是在已经有关键帧的情况下单击此按钮，则会将已有的关键帧删除，其快捷键是Alt+Shift+属性快捷键，如Alt+Shift+P快捷键。

### 4.4.4 关键帧导航

在4.4.3小节中提到了"时间轴"面板的关键帧控制区，此区域最主要的功能就是关键帧导航，通过关键帧导航可以快速跳转到上一个或下一个关键帧，还可以方便地添加或者删除关键帧。如果面板中没有出现该区域，可以单击"时间轴"面板左上方的█按钮，在弹出的菜单中选择"列数 > A/V功能"命令将其打开，如图4-44所示。

图4-44

> **提示** 既然要对关键帧进行导航操作，就必须将关键帧呈现出来，按U键可展示图层中所有的关键帧信息。

◀: 单击该按钮，可以跳转到上一个关键帧，其快捷键是J。

▶: 单击该按钮，可以跳转到下一个关键帧，其快捷键是K。

> **提示** 关键帧导航按钮仅对本属性的关键帧进行导航，而快捷键J和K则可以对画面中展现的所有关键帧进行导航。

"在当前时间添加或移除关键帧"按钮◈：当前无关键帧，单击此按钮将生成关键帧。

"在当前时间添加或移除关键帧"按钮◈：当前已有关键帧，单击此按钮将删除关键帧。

## 4.4.5 选择关键帧

### 1. 选择单个关键帧

在"时间轴"面板中展开某个有关键帧的属性，单击某个关键帧，此关键帧即被选中。

### 2. 选择多个关键帧

● 在"时间轴"面板中，按住Shift键的同时，逐个选择关键帧，即可完成多个关键帧的选择。

● 在"时间轴"面板中拖曳出一个选取框，选取框内的所有关键帧即被选中，如图4-45所示。

图4-45

### 3. 选择所有关键帧

单击图层的属性名称，即可选中该属性的所有关键帧，如图4-46所示。

图4-46

## 4.4.6 编辑关键帧

### 1. 编辑关键帧的值

在关键帧上双击，在弹出的对话框中进行设置，如图4-47所示。

图4-47

不同属性的对话框中呈现的内容不同，图4-47所示为双击"位置"属性关键帧时弹出的对话框。

如果要在"合成"面板或者"时间轴"面板中调整关键帧，就必须先选中当前关键帧，否则编辑关键帧操作将变成生成新的关键帧操作，如图4-48所示。

图4-48

按住Shift键的同时，移动当前时间标签，当前时间标签将自动对齐最近的一个关键帧；如果按住Shift键的同时移动关键帧，关键帧将自动对齐当前时间标签。

改变某属性的几个或所有关键帧的值时，需要同时选中对应的关键帧，并确定当前时间标签刚好对齐被选中的某一个关键帧，再进行修改，如图4-49所示。

图4-49

### 2. 移动关键帧

选中单个或者多个关键帧，按住鼠标左键将其拖曳到目标时间位置即可。也可以在按住Shift键的同时，将关键帧锁定在当前时间标签位置。

### 3. 复制关键帧

复制关键帧可以避免一些重复性的操作，大大提高创作效率，但是在粘贴前一定要注意当前选择的目标图层、目标图层的目标属性及当前时间标签所在的位置，因为这是进行粘贴操作的重要依据。具体操作步骤如下。

**01** 选中想要复制的单个或多个关键帧，甚至可以是多个属性的多个关键帧，如图4-50所示。

图4-50

**02** 选择"编辑 > 复制"命令，将选中的多个关键帧复制。选择目标图层，将时间标签移动到目标时间位置，如图4-51所示。

图4-51

**03** 选择"编辑 > 粘贴"命令，将复制的关键帧粘贴，按U键显示所有关键帧，如图4-52所示。

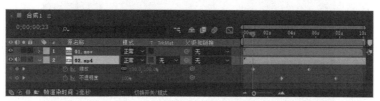

图4-52

**提示** 关键帧的复制和粘贴可以在本图层的属性中进行操作，也可以在其他相同属性的图层上进行操作。例如，将某个二维图层的"位置"动画信息复制粘贴到另一个二维图层的"锚点"属性上，由于这两个属性的数据类型是一致的（都是x轴向和y轴向的两个值），所以可以实现复制操作。只要在执行粘贴操作前，确定选中目标图层的目标属性即可，如图4-53所示。

图4-53

**提示** 如果粘贴的关键帧与目标图层上的关键帧在同一时间位置，将覆盖目标图层上原有的关键帧。另外，图层的属性值在无关键帧时也可以进行复制，通常用于完成不同图层间的属性统一操作。

#### 4.　删除关键帧

● 选中需要删除的单个或多个关键帧，选择"编辑 > 清除"命令，可以删除关键帧。

● 选中需要删除的单个或多个关键帧，按Delete键删除。

● 当前时间标签对齐关键帧时，关键帧控制区中的"在当前时间添加或移除关键帧"按钮呈现 状态，单击该按钮将删除当前关键帧，或按Alt+Shift+属性快捷键进行删除，例如Alt+Shift+P快捷键。

● 如果要删除某属性的所有关键帧，则单击属性的名称选中全部关键帧，然后按Delete键；或者单击关键帧属性前的"关键帧自动记录器"按钮 ，将其关闭，也可以起到删除关键帧的作用。

## 课堂练习——花世界

练习知识要点 使用"导入"命令导入视频与图片；使用"缩放"属性制作缩放效果，使用"位置"属性改变形状位置；使用"启用时间重映射"命令添加并编辑关键帧效果。花世界效果如图4-54所示。

效果所在位置 Ch04\花世界\花世界.aep。

图4-54

## 课后习题——水墨过渡效果

习题知识要点 使用"复合模糊"命令制作快速模糊效果，使用"重置图"命令制作置换效果，使用"不透明度"属性添加关键帧并编辑不透明度，使用矩形工具绘制蒙版形状。水墨过渡效果如图4-55所示。

效果所在位置 Ch04\水墨过渡效果\水墨过渡效果.aep。

图4-55

# 第 5 章

---

# 文字

---

**本章介绍**

本章将讲解创建文字的方法，其中包括文字工具、文字图层、文字效果的相关知识。通过学习本章的内容，读者可以了解并掌握After Effects中文字的创建方法和技巧。

**学习目标**

● 掌握创建文字的方法
● 熟悉常用的文字效果

**技能目标**

● 掌握"打字效果"的制作方法
● 掌握"描边文字"的制作方法

# 5.1 创建文字

在After Effects 2022中创建文字有以下两种方法。

● 单击"工具"面板中的两种文字工具，如图5-1所示。

图5-1

● 选择"图层 > 新建 > 文本"命令，或按Ctrl+Alt+Shift+T快捷键，如图5-2所示。

图5-2

## 5.1.1 课堂案例——打字效果

案例学习目标 学习输入文字。

案例知识要点 使用横排文字工具输入文字，使用"效果和预设"命令制作打字动画。打字效果如图5-3所示。

效果所在位置 Ch05\打字效果\打字效果.aep。

图5-3

**01** 按Ctrl+N快捷键，弹出"合成设置"对话框，在"合成名称"文本框中输入"最终效果"，其他选项的设置如图5-4所示，单击"确定"按钮，创建一个新的合成"最终效果"。选择"文件 > 导入 > 文件"命令，在弹出的"导入文件"对话框中选择学习资源中的"Ch05\打字效果\（Footage）\ 01.jpg"文件，单击"导入"按钮，图片被导入"项目"面板中，如图5-5所示，再将其拖曳到"时间轴"面板中。

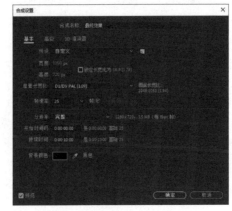

图5-4

图5-5

**02** 选择横排文字工具**T**，在"合成"面板中输入文字"童年是欢乐的海洋，在童年的回忆中有无数的趣

事，也有伤心的往事，我在那回
忆的海岸寻觅着美丽的童真，找
到了……"并选中，在"文字"
面板中设置相关参数，如图5-6
所示。"合成"面板中的效果如
图5-7所示。

图5-6　　　　　　　　　　　图5-7

**03** 选中文字图层，将时间标签放置在0:00:00:00的位置，选择"窗口 > 效果和预设"命令，打开"效

果和预设"面板，单击"动画预
设"文件夹左侧的展开按钮▶将
其展开，双击"Text > Multi-
line > 文字处理器"命令，如图
5-8所示，应用效果。"合成"
面板中的效果如图5-9所示。

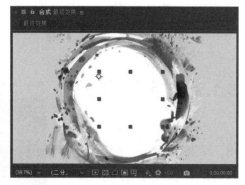

图5-8　　　　　　　　　　　图5-9

**04** 选中文字图层，按U键展开所有关键帧，如图5-10所示。将时间标签放置在0:00:08:03的位置，按
住Shift键的同时，将第2个关键帧拖曳到时间标签所在的位置，并设置"滑块"为100.00，如图5-11所
示。打字效果制作完成，如图5-12所示。

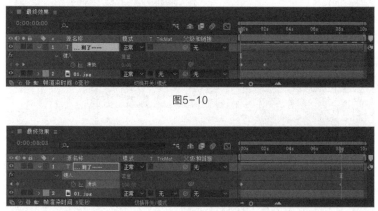

图5-10

图5-11　　　　　　　　　　　图5-12

## 5.1.2 文字工具

"工具"面板中提供了创建文字的工具，包括横排文字工具■和直排文字工具■，分别用于根据需要创建水平文字和垂直文字，如图5-13所示。在"字符"面板中可以设置字体类型、字号、文字颜色、字间距、行间距和比例关系等。在"段落"面板中可进行文本左对齐、中心对齐和右对齐等段落设置，如图5-14所示。

图5-13

图5-14

## 5.1.3 文字图层

选择"图层 > 新建 > 文本"命令，如图5-15所示，可以建立一个文字图层。创建文字图层后可以直接在"合成"面板中输入所需的文字，如图5-16所示。

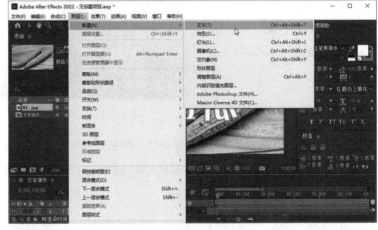

图5-15

图5-16

# 5.2 文字效果

　　After Effect 2022保留了旧版本中的一些文字效果（如基本文字和路径文字等），这些效果主要用于创建一些单纯使用文字工具不能实现的效果。

## 5.2.1 课堂案例——描边文字

案例学习目标 学习编辑文字效果。

案例知识要点 使用横排文字工具输入文字，使用"基本文字"命令添加基本文字，使用"路径文字"命令制作路径文字效果。描边文字效果如图5-17所示。

效果所在位置 Ch05\描边文字\描边文字.aep。

图5-17

**01** 按Ctrl+N快捷键，弹出"合成设置"对话框，在"合成名称"文本框中输入"最终效果"，其他选项的设置如图5-18所示，单击"确定"按钮，创建一个新的合成"最终效果"。

**02** 选择"文件 > 导入 > 文件"命令，在弹出的"导入文件"对话框中选择学习资源中的"Ch05\描边文字\（Footage）\01. mp4"文件，单击"导入"按钮，视频被导入"项目"面板中，如图5-19所示，再将其拖曳到"时间轴"面板中。

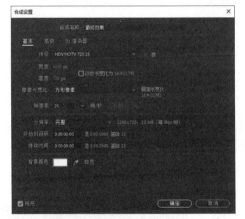

图5-18　　　　　　　　　　　图5-19

**03** 选中"01. mp4"图层，按S键展开"缩放"属性，设置"缩放"为105.0%,105.0%，如图5-20所示。"合成"面板中的效果如图5-21所示。

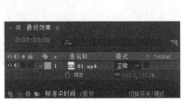

图5-20　　　　　　　　　　　图5-21

**04** 保持"01. mp4"图层处于选中状态，选择"效果 > 过时 > 基本文字"命令，在弹出的"基本文字"对话框中进行设置，如图5-22所示，单击"确定"按钮，完成基本文字的添加。"合成"面板中的效果如图5-23所示。

图5-22

图5-23

**05** 在"效果控件"面板中进行设置，如图5-24所示。"合成"面板中的效果如图5-25所示。

图5-24

图5-25

**06** 选择"效果 > 过时 > 基本文字"命令，在弹出的"基本文字"对话框中进行设置，如图5-26所示，单击"确定"按钮，完成基本文字的添加。在"效果控件"面板中进行设置，如图5-27所示。"合成"面板中的效果如图5-28所示。

图5-26

图5-27

**07** 选择"效果 > 过时 > 基本文字"命令，在弹出的"基本文字"对话框中进行设置，如图5-29所示，单击"确定"按钮，完成基本文字的添加。在"效果控件"面板中进行设置，如图5-30所示。"合成"面板中的效果如图5-31所示。

图5-28

图5-29

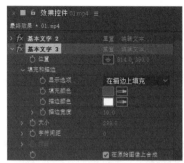

图5-30

图5-31

**08** 选择横排文字工具 ■，在"合成"面板中输入文字"福薛记"。选中文字，在"字符"面板中，设置"填充颜色"为红色（R、G、B值分别为222、33、0），其他参数的设置如图5-32所示。"合成"面板中的效果如图5-33所示。

图5-32

图5-33

**09** 取消所有对象的选择，选择椭圆工具 ■，在工具栏中设置"填充"为红色（R、G、B值分别为222、33、0），"描边"为白色，"描边宽度"为4像素，如图5-34所示。按住Shift键的同时，在"合成"面板中绘制一个圆形。按Ctrl+D快捷键复制图层，并将两个圆形拖曳到适当的位置，效果如图5-35所示。

图5-34

图5-35

**10** 选择"图层 > 新建 > 形状图层"命令，在"时间轴"面板中新增一个"形状图层 3"图层，如图5-36所示。保持"形状图层 3"图层处于选中状态，选择"效果 > 过时 > 路径文字"命令，在弹出的"路径文字"对话框中进行设置，如图5-37所示，单击"确定"按钮，完成路径文字的添加。

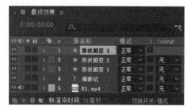

图5-36

图5-37

**11** 在"效果控件"面板中进行设置,如图5-38所示。在"合成"面板中分别调整4个控制点到适当的位置,如图5-39所示。

**12** 描边文字效果制作完成,效果如图5-40所示。

图5-38

图5-39

图5-40

## 5.2.2 "基本文字"效果

"基本文字"效果用于创建文本或文本动画,可以指定文本的字体、样式、方向以及对齐方式等,如图5-41所示。

该效果还可以将文字创建在一个现有的图像中,勾选"在原始图像上合成"复选框,可以将文字与图像融合在一起。此外,该效果还提供了位置、填充和描边、大小、字符间距等设置,如图5-42所示。

图5-41

图5-42

## 5.2.3 "路径文字"效果

"路径文字"效果用于制作字符沿某一条路径运动的动画效果。该效果的对话框中提供了字体和样式设置,如图5-43所示。

"路径文本"效果还提供了
信息、路径选项、填充和描边、
字符、段落、高级等设置，如图
5-44所示。

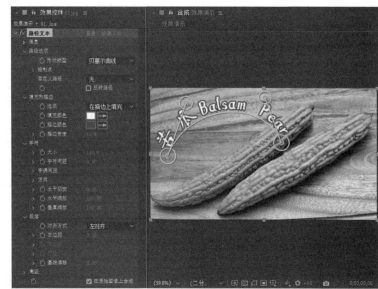

图5-43　　　　　　　　　　　　　　　　　图5-44

## 5.2.4 "编号"效果

"编号"效果用于生成不同格式的随机数或序数，如小数、日期和时间码等，甚至是当前日期和时间（在渲染时）。使用"编号"效果可以创建各式各样的计数器。在"编号"对话框中可以设置字体、样式、方向和对齐方式等，如图5-45所示。

"编号"效果还提供了格式、填充和描边、大小和字符间距等设置，如图5-46所示。

图5-45　　　　　　　　　　　　　　　　　图5-46

## 5.2.5 "时间码"效果

"时间码"效果主要用于在素材图层中显示时间信息或者关键帧上的编码信息，还可以将时间码的信息译成密码并保存于图层中以供显示。在"时间码"效果中可以设置显示格式、时间源、文本位置、文字大小和文本颜色等，如图5-47所示。

图5-47

## 课堂练习——飞舞数字流

练习知识要点 使用"导入"命令导入文件，使用横排文字工具输入并编辑文字，使用"Particular"命令制作飞舞数字，飞舞数字流效果如图5-48所示。

效果所在位置 Ch05\飞舞数字流\飞舞数字流.aep。

图5-48

## 课后习题——运动模糊文字

习题知识要点 使用"导入"命令导入素材，使用横排文字工具输入文字，使用椭圆工具绘制装饰图形，使用"高斯模糊"命令制作模糊效果。运动模糊文字效果如图5-49所示。

效果所在位置 Ch05\运动模糊文字\运动模糊文字.aep。

图5-49

# 第 6 章

## 应用效果

**本章介绍**

本章主要介绍After Effects中各种效果的应用方法和参数设置，对有实用价值、存在一定难度的效果进行重点讲解。通过对本章的学习，读者可以快速了解并掌握After Effects中效果的应用技巧。

**学习目标**

● 熟悉效果的添加、复制、删除等操作的方法

● 掌握After Effects中的各种常用效果

**技能目标**

● 掌握"闪白效果"的制作方法

● 掌握"水墨画效果"的制作方法

● 掌握"修复逆光影片"的方法

● 掌握"动感模糊文字"的制作方法

● 掌握"透视光芒"的制作方法

● 掌握"放射光芒"的制作方法

● 掌握"降噪"的方法

● 掌握"气泡效果"的制作方法

● 掌握"手绘效果"的制作方法

# 6.1 初步了解效果

After Effects自带许多效果，包括音频、模糊和锐化、颜色校正、扭曲、模拟、风格化和文本等。效果不仅能够对影片进行各种形式的艺术加工，还可以提高影片的画面质量。

## 6.1.1 为图层添加效果

为图层添加效果的方法有很多种，读者可以根据情况灵活应用。

● 在"时间轴"面板中选中想要添加效果的图层，选择"效果"菜单中的命令即可。

● 在"时间轴"面板中想要添加效果的图层上单击鼠标右键，在弹出的快捷菜单中选择"效果"子菜单中的命令即可。

● 选择"窗口 > 效果和预设"命令，或按Ctrl+5快捷键，打开"效果和预设"面板，如图6-1所示，从效果分类中选中需要的效果，然后拖曳到"时间轴"面板中的某个图层上即可。

● 在"时间轴"面板中选中想要添加效果的图层，然后选择"窗口 > 效果和预设"命令，打开"效果和预设"面板，双击效果分类中需要的效果即可。

图6-1

对图层来讲，一个效果常常是不能完全满足创作需要的。只有为图层添加多个效果，才能制作出复杂又多变的画面效果。但是，在同一图层上应用多个效果时，一定要注意效果的上下顺序，因为顺序不同，可能会得到完全不同的画面效果，如图6-2和图6-3所示。

图6-2

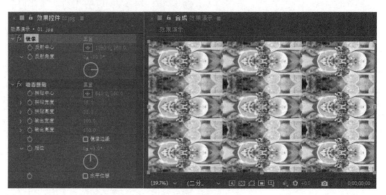

图6-3

改变效果顺序的方法也很简单，只要在"效果控件"面板或者"时间轴"面板中上下拖曳所需要的效果到目标位置即可，如图6-4和图6-5所示。

图6-4

图6-5

## 6.1.2　调整、删除、复制和暂时关闭效果

### 1. 调整效果

在为图层添加效果时，一般会自动将"效果控件"面板打开。如果该面板没有打开，可以选择"窗口 > 效果控件"命令将其打开。

After Effects中有多种效果，对效果进行调整的方法分为以下5种。

● 定义位置：一般用来设置效果的中心位置。调整的方法有两种：一种是直接调整其参数值；另一种是单击🞖按钮，在"合成"面板中的合适位置单击，效果如图6-6所示。

图6-6

● 调整数值：将鼠标指针放置在某个选项右侧的数值上，当鼠标指针变为🖑形状时，左右拖曳鼠标可以调整数值，如图6-7所示；也可以直接在数值上单击将其激活，然后输入需要的数值。

● 拖曳滑块：左右拖曳滑块也可以调整数值。需要注意的是，滑块并不能显示参数的极限值。如"复合模糊"效果，虽然在调整滑块时看到的调整范围是0~100，但是使用直接输入数值的方法调整，能输入的最大值为4000，因此在拖曳滑块时看到的调整范围一般是常用的数值段，如图6-8所示。

图6-7

图6-8

● 颜色选取框：主要用于选取或改变颜色，单击它将会弹出图6-9所示的色彩选择对话框。

● 角度旋转器：一般与角度和圈数设置有关，如图6-10所示。

图6-9

图6-10

### 2. 删除效果

删除效果的方法很简单，只需要在"效果控件"面板或者"时间轴"面板中选中某个效果，按Delete键即可删除。

> **提示** 在"时间轴"面板中快速展开效果的方法是：选中包含效果的图层并按E键。

### 3. 复制效果

如果只是在本图层中对效果进行复制，只需要在"效果控件"面板或者"时间轴"面板中选中效果，按Ctrl+D快捷键即可实现。

如果是将效果复制到其他图层，具体操作步骤如下。

（1）在"效果控件"面板或者"时间轴"面板中选中原图层的一个或多个效果。

（2）选择"编辑 > 复制"命令，或者按Ctrl+C快捷键，完成效果复制操作。

（3）在"时间轴"面板中选中目标图层，然后选择"编辑 > 粘贴"命令，或按Ctrl+V快捷键，完成效果粘贴操作。

### 4. 暂时关闭效果

"效果控件"面板和"时间轴"面板中都有非常方便的开关 ，可以用来暂时关闭某一个或几个效果，使其不起作用，如图6-11和图6-12所示。

图6-11

图6-12

## 6.1.3 制作关键帧动画

### 1. 在"时间轴"面板中制作动画

**01** 在"时间轴"面板中选择某个图层，选择"效果 > 模糊和锐化 > 高斯模糊"命令，添加高斯模糊效果。

**02** 按E键展开效果属性，单击"高斯模糊"效果名称左侧的展开按钮▶，展开各项具体参数。

**03** 单击"模糊度"选项左侧的"关键帧自动记录器"按钮◉，生成第1个关键帧，如图6-13所示。

**04** 将当前时间标签移动到另一个时间位置，调整"模糊度"的数值，After Effects将自动生成第2个关键帧，如图6-14所示。

**05** 按0键预览动画效果。

图6-13

图6-14

### 2. 在"效果控件"面板中制作关键帧动画

**01** 在"时间轴"面板中选择某个图层，选择"效果 > 模糊和锐化 > 高斯模糊"命令，添加高斯模糊效果。

**02** 在"效果控件"面板中，单击"模糊度"选项左侧的"关键帧自动记录器"按钮◉，如图6-15所示，或在按住Alt键的同时单击"模糊度"效果名称，生成第1个关键帧。

**03** 将当前时间标签移动到另一个时间位置，在"效果控件"面板中调整"模糊度"的数值，自动生成第2个关键帧。

图6-15

## 6.1.4 使用效果预设

在应用效果预设时，必须先确定时间标签所处的时间位置，因为应用的效果预设如果有动画信息，将会以当前时间标签位置为动画的起始点，如图6-16和图6-17所示。

图6-16

图6-17

# 6.2 模糊和锐化

"模糊和锐化"效果用来模糊和锐化图像。模糊效果是常用的效果之一,也是一种简便、易行的改变画面视觉效果的方法。动态的画面需要"虚实结合",这样即使是平面上的合成效果,也能产生空间感和对比感,更能让人产生联想。另外,使用模糊效果可以提升画面质量,有时很粗糙的画面经过处理后也会有良好的视觉效果。

## 6.2.1 课堂案例——闪白效果

案例学习目标 学习使用多种模糊效果。

案例知识要点 使用"导入"命令导入素材,使用"快速方框模糊"命令、"色阶"命令制作图像闪白,使用"投影"命令制作文字的投影效果,使用"效果和预设"面板中的"淡化上升字符"效果制作文字动画效果。闪白效果如图6-18所示。

效果所在位置 Ch06\闪白效果\闪白效果.aep。

图6-18

### 1. 导入素材

**01** 按Ctrl+N快捷键,弹出"合成设置"对话框,在"合成名称"文本框中输入"最终效果",其他选项的设置如图6-19所示,单击"确定"按钮,创建一个新的合成"最终效果"。

**02** 选择"文件 > 导入 > 文件"命令,在弹出的"导入文件"对话框中选择学习资源中的"Ch06 \闪白效果\ (Footage) \ 01.jpg ~ 07.jpg"共7个文件,单击"导入"按钮,图片被导入"项目"面板中,如图6-20所示。

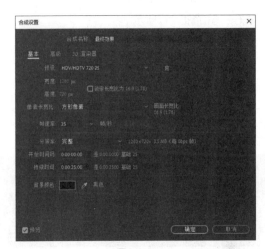

图6-19

图6-20

**03** 在"项目"面板中选中"01.jpg ~ 05.jpg"文件,并将它们拖曳到"时间轴"面板中,图层的排列如图6-21所示。将时间标签放置在0:00:03:00的位置,如图6-22所示。

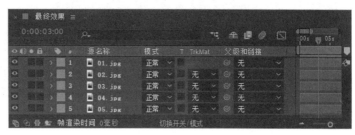

图6-21　　　　　　　　　　　　　　　　　　图6-22

**04** 选中"01.jpg"图层,按Alt+]快捷键设置动画的出点,"时间轴"面板如图6-23所示。用相同的方法分别设置"03.jpg""04.jpg""05.jpg"图层的出点,"时间轴"面板如图6-24所示。

图6-23　　　　　　　　　　　　　　　　　　图6-24

**05** 将时间标签放置在0:00:04:00的位置,如图6-25所示。选中"02.jpg"图层,按Alt+]快捷键设置动画的出点,"时间轴"面板如图6-26所示。

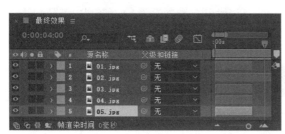

图6-25　　　　　　　　　　　　　　　　　　图6-26

**06** 在"时间轴"面板中选中"01.jpg"图层,按住Shift键的同时选中"05.jpg"图层,两个图层中间的图层也会被选中,选择"动画 > 关键帧辅助 > 序列图层"命令,弹出"序列图层"对话框,取消勾选"重叠"复选框,如图6-27所示。单击"确定"按钮,每个图层依次排列且首尾相接,如图6-28所示。

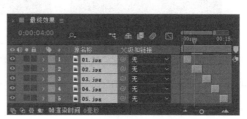

图6-27　　　　　　　　　　　　　　　　　　图6-28

**07** 选择"图层 > 新建 > 调整图层"命令，在"时间轴"面板中新增一个调整图层，如图6-29所示。

图6-29

## 2. 制作图像闪白

**01** 选中"调整图层1"图层，选择"效果 > 模糊和锐化 > 快速方框模糊"命令，在"效果控件"面板中进行参数设置，如图6-30所示。"合成"面板中的效果如图6-31所示。

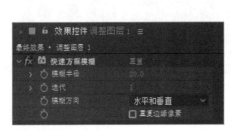

图6-30

图6-31

**02** 选择"效果 > 颜色校正 > 色阶"命令，在"效果控件"面板中进行参数设置，如图6-32所示。"合成"面板中的效果如图6-33所示。

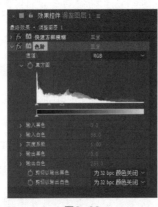

图6-32

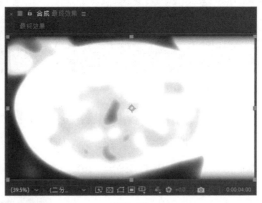

图6-33

**03** 将时间标签放置在0:00:00:00的位置，在"效果控件"面板中，单击"快速方框模糊"效果中的"模糊半径"选项和"色阶"效果中的"直方图"选项左侧的"关键帧自动记录器"按钮，记录第1个关键帧，如图6-34所示。

**04** 将时间标签放置在0:00:00:06的位置，在"效果控件"面板中，设置"模糊半径"选项的数值为0.0，"输入白色"选项的数值为255.0，如图6-35所示，记录第2个关键帧。"合成"面板中的效果如图6-36所示。

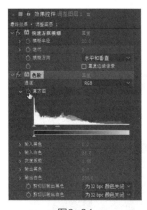
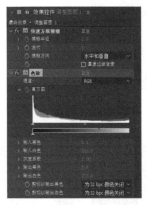

图6-34　　　　　　　　　　　图6-35　　　　　　　　　　　图6-36

**05** 将时间标签放置在0:00:02:04的位置，按U键展开所有关键帧，如图6-37所示。单击"时间轴"面板中的"模糊半径"选项和"直方图"选项左侧的"在当前时间添加或移除关键帧"按钮 ，记录第3个关键帧，如图6-38所示。

图6-37　　　　　　　　　　　　　　　　图6-38

**06** 将时间标签放置在0:00:02:14的位置，在"效果控件"面板中，设置"模糊半径"选项的数值为7.0，"输入白色"选项的数值为94.0，如图6-39所示，记录第4个关键帧。"合成"面板中的效果如图6-40所示。

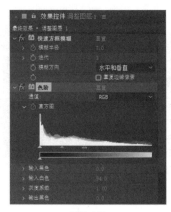
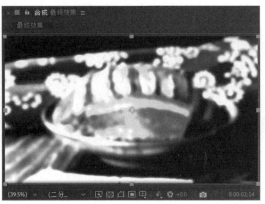

图6-39　　　　　　　　　　　　　　图6-40

**07** 将时间标签放置在0:00:03:08的位置，在"效果控件"面板中，设置"模糊半径"选项的数值为20.0，"输入白色"选项的数值为58.0，如图6-41所示，记录第5个关键帧。"合成"面板中的效果如图6-42所示。

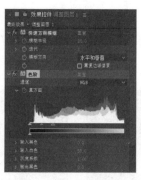
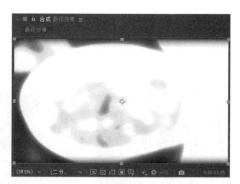

图6-41                                    图6-42

**08** 将时间标签放置在0:00:03:18的位置，在"效果控件"面板中，设置"模糊半径"选项的数值为0.0，"输入白色"选项的数值为255.0，如图6-43所示，记录第6个关键帧。"合成"面板中的效果如图6-44所示。

**09** 完成第1段素材与第2段素材之间的闪白动画的制作。用同样的方法制作其他素材的闪白动画，如图6-45所示。

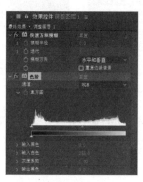

图6-43                                    图6-44

图6-45

### 3. 编辑文字

**01** 在"项目"面板中，选中"06.jpg"文件并将其拖曳到"时间轴"面板中，图层的排列如图6-46所示。将时间标签放置在0:00:15:23的位置，按Alt+[快捷键设置动画的入点，"时间轴"面板如图6-47所示。

图6-46                                    图6-47

**02** 将时间标签放置在0:00:20:00的位置，选择横排文字工具▉，在"合成"面板中输入文字"韵味古典餐厅"。选中文字，在"字符"面板中设置"填充颜色"为青绿色（R、G、B值分别为76、244、255），在"段落"面板中设置对齐方式为居中对齐，其他参数的设置如图6-48所示。按P键展开"位置"属性，设置"位置"为650.0,353.0。"合成"面板中的效果如图6-49所示。

图6-48　　　　　　　　　　　　　　　　图6-49

**03** 选中文字图层，把该图层拖曳到调整图层的下面，选择"效果 > 透视 > 投影"命令，在"效果控件"面板中进行参数设置，如图6-50所示。"合成"面板中的效果如图6-51所示。

图6-50　　　　　　　　　　　　图6-51

**04** 将时间标签放置在0:00:16:20的位置，选择"窗口 > 效果和预设"命令，打开"效果和预设"面板，展开"动画预设"选项，双击"Text > Animate In > 淡化上升字符"效果，为文字图层添加该效果。"合成"面板中的效果如图6-52所示。

图6-52

**05** 将时间标签放置在0:00:18:08的位置，选中文字图层，按U键展开所有关键帧，按住Shift键的同时拖曳第2个关键帧到时间标签所在的位置，如图6-53所示。

图6-53

**06** 在"项目"面板中选中"07.jpg"文件并将其拖曳到"时间轴"面板中，设置图层的混合模式为"屏幕"，图层的排列如图6-54所示。将时间标签放置在0:00:18:13的位置，选中"07.jpg"图层，按Alt+[ 快捷键设置动画的入点，"时间轴"面板如图6-55所示。

图6-54

图6-55

**07** 选中"07.jpg"图层，按P键展开"位置"属性，设置"位置"为1122.0,380.0，单击"位置"选项左侧的"关键帧自动记录器"按钮，如图6-56所示，记录第1个关键帧。将时间标签放置在0:00:20:00的位置，设置"位置"为-208.0,380.0，记录第2个关键帧，如图6-57所示。

图6-56

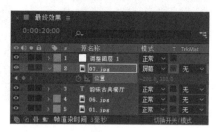
图6-57

**08** 选中"07.jpg"图层，按Ctrl+D快捷键复制图层，按U键展开所有关键帧，将时间标签放置在0:00:18:13的位置，设置"位置"为159.0,380.0，如图6-58所示。将时间标签放置在0:00:20:00的位置，设置"位置"为1606.0,380.0，如图6-59所示。闪白效果制作完成，如图6-60所示。

图6-58

图6-59

图6-60

## 6.2.2　高斯模糊

"高斯模糊"效果用于模糊和柔化图像，可以去除杂点，它能产生细腻的模糊效果，尤其是单独使用的时候，其参数如图6-61所示。

图6-61

模糊度：调整图像的模糊程度。

模糊方向：设置模糊的方式，提供了水平和垂直、水平、垂直这3种模糊方式。

"高斯模糊"效果的应用示例如图6-62、图6-63和图6-64所示。

图6-62

图6-63

图6-64

## 6.2.3　定向模糊

定向模糊也称为方向模糊，可以产生运动的效果。当图层为草稿质量时，应用图像边缘的平均值；当图层为最高质量的时候，应用高斯模式的模糊，产生平滑、渐变的模糊效果，其参数如图6-65所示。

图6-65

方向：调整模糊的方向。

模糊长度：调整模糊程度，数值越大，模糊程度也就越大。

"定向模糊"效果的应用示例如图6-66、图6-67和图6-68所示。

图6-66

图6-67

图6-68

## 6.2.4　径向模糊

　　"径向模糊"效果可以在图层中围绕特定点为图像增加移动模糊或旋转模糊的效果，其参数如图6-69所示。

　　数量：控制图像的模糊程度。模糊程度的大小取决于模糊量，在"旋转"类型下，模糊量表示旋转模糊程度；而在"缩放"类型下，模糊量表示缩放模糊程度。

　　中心：调整模糊中心点的位置。单击■按钮，可以指定中心点的位置。

　　类型：设置模糊的类型，提供了旋转和缩放两种模糊类型。

　　消除锯齿（最佳品质）：该功能只在图像为最高品质时起作用。

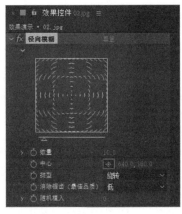
图6-69

　　"径向模糊"效果的应用示例如图6-70、图6-71和图6-72所示。

图6-70

图6-71

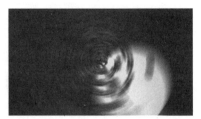
图6-72

## 6.2.5　快速方框模糊

　　"快速方框模糊"效果用于设置图像的模糊程度，它和"高斯模糊"效果十分类似，但它在大面积

应用的时候实现速度更快，效果更明显，其参数如图6-73所示。

模糊半径：用于设置模糊程度。

迭代：设置模糊效果连续应用到图像的次数。

模糊方向：设置模糊方式，有水平和垂直、水平、垂直这3种方式。

重复边缘像素：勾选此复选框，可让边缘保持一定的清晰度。

“快速方框模糊”效果的应用示例如图6-74、图6-75和图6-76所示。

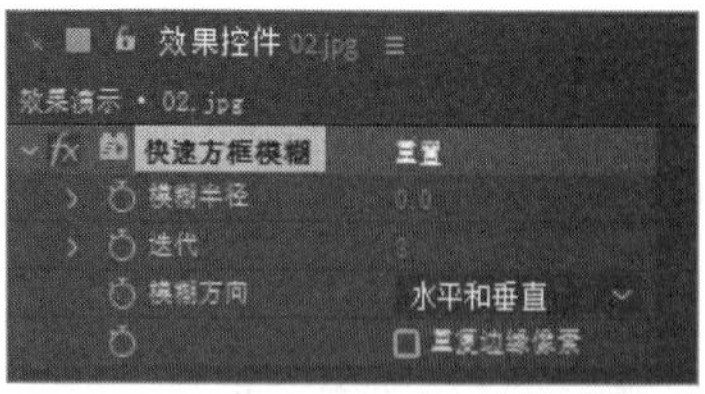


图6-73

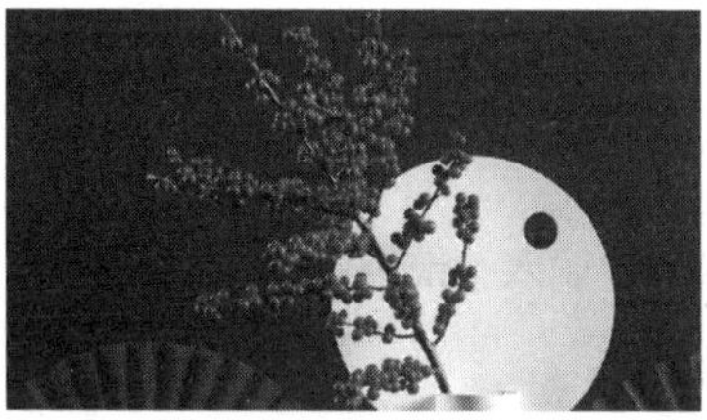

图6-74

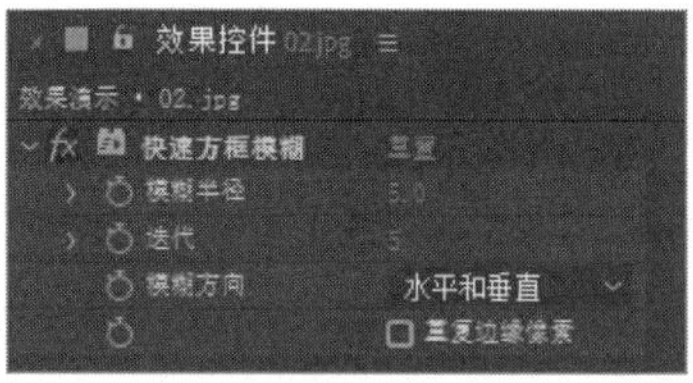


图6-75

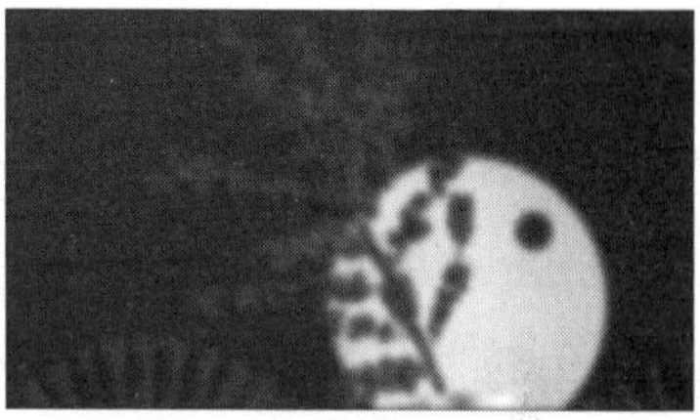

图6-76

## 6.2.6 锐化

“锐化”效果用于锐化图像，在图像颜色发生变化的地方提高图像的对比度，其参数如图6-77所示。

锐化量：用于设置锐化的程度。

“锐化”效果的应用示例如图6-78、图6-79和图6-80所示。

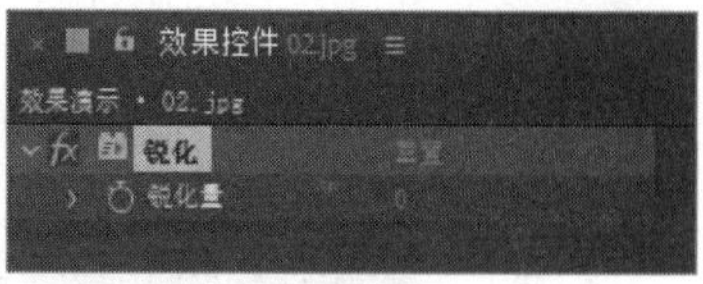


图6-77

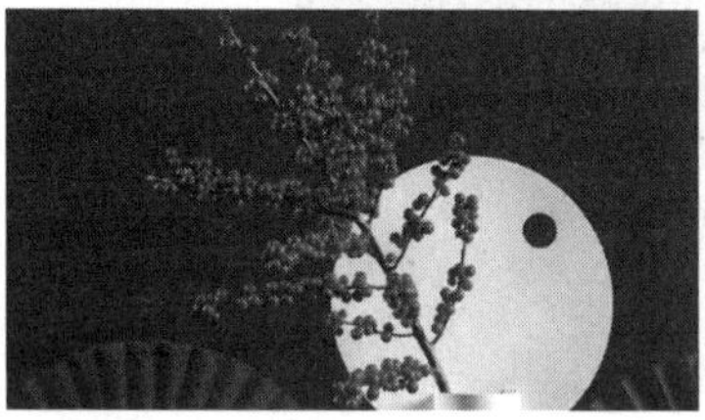

图6-78

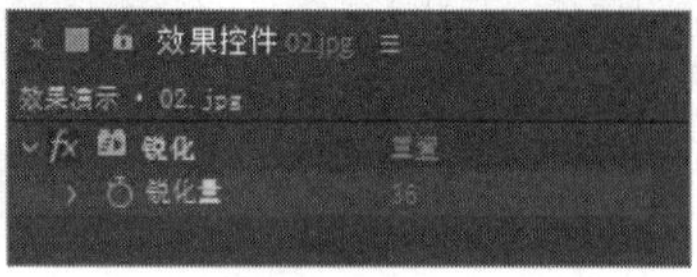


图6-79

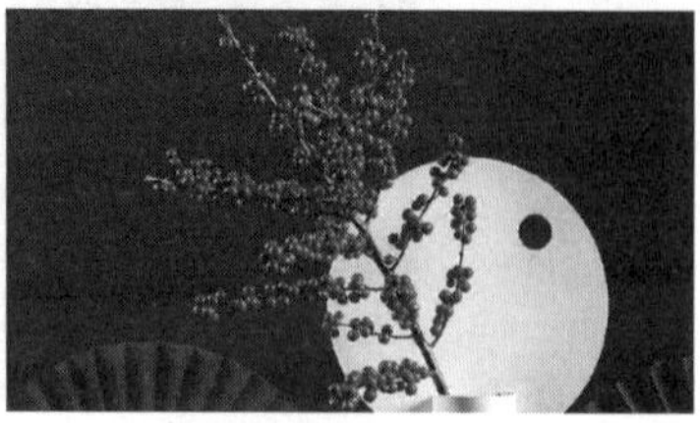

图6-80

# 6.3 颜色校正

在视频制作过程中，对画面颜色的处理是一项很重要的内容，有时甚至直接影响视频的质量，“颜色校正”效果组下的众多效果可以用来对色彩不佳的画面进行颜色的修正，也可以对色彩正常的画面进行颜色调节，使其更加精美。

# 6.3.1 课堂案例——水墨画效果

案例学习目标 学习调整图像的色相/饱和度、亮度
与对比度。

案例知识要点 使用"查找边缘"命令、"色相/饱
和度"命令、"曲线"命令、"高斯模糊"命令制
作水墨画效果。水墨画效果如图6-81所示。

效果所在位置 Ch06\水墨画效果\水墨画效果.aep。

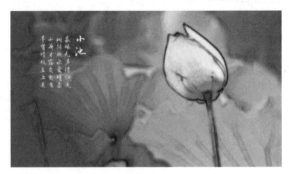

图6-81

## 1. 导入并编辑素材

**01** 按Ctrl+N快捷键，弹出"合成设置"对话框，在"合成名称"文本框中输入"最终效果"，其他选
项的设置如图6-82所示，单击"确定"按钮，创建一个新的合成"最终效果"。

**02** 选择"文件 > 导入 > 文件"命令，在弹出的"导入文件"对话框中选择学习资源中的"Ch06\水墨
画效果\（Footage）\ 01.jpg、02.png"文件，单击"导入"按钮，图片被导入"项目"面板中，如图
6-83所示。

图6-82

图6-83

**03** 在"项目"面板中，选中"01.jpg"文件并将其拖曳到"时间轴"面板中，如图6-84所示。按
Ctrl+D快捷键复制图层，单击复制得到的图层左侧的眼睛按钮 ，关闭该图层，如图6-85所示。

图6-84

图6-85

**04** 选中第2个"01.jpg"图层，选择"效果 > 风格化 > 查找边缘"命令，在"效果控件"面板中设置参数，如图6-86所示。"合成"面板中的效果如图6-87所示。

图6-86                                       图6-87

**05** 选择"效果> 颜色校正 > 色相/饱和度"命令，在"效果控件"面板中设置参数，如图6-88所示。"合成"面板中的效果如图6-89所示。

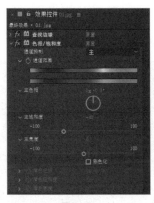          

图6-88                                       图6-89

**06** 选择"效果 > 颜色校正 > 曲线"命令，在"效果控件"面板中调整曲线，如图6-90所示。"合成"面板中的效果如图6-91所示。

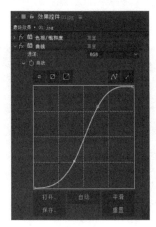          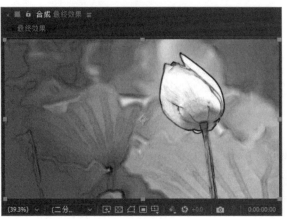

图6-90                                       图6-91

**07** 选择"效果 > 模糊和锐化 > 高斯模糊"命令，在"效果控件"面板中设置参数，如图6-92所示。"合成"面板中的效果如图6-93所示。

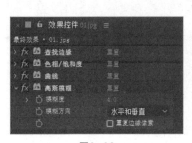

图6-92            图6-93

### 2. 制作水墨画效果

**01** 在"时间轴"面板中，单击第1个"01.jpg"图层左侧的▇按钮，打开该图层。按T键展开"不透明度"属性，设置"不透明度"为70%，图层的混合模式为"相乘"，如图6-94所示。"合成"面板中的效果如图6-95所示。

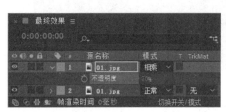

图6-94            图6-95

**02** 选择"效果 > 风格化 > 查找边缘"命令，在"效果控件"面板中设置参数，如图6-96所示。"合成"面板中的效果如图6-97所示。

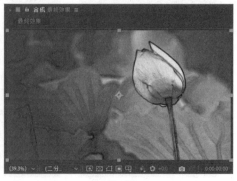

图6-96            图6-97

**03** 选择"效果 > 颜色校正 > 色相/饱和度"命令，在"效果控件"面板中设置参数，如图6-98所示。"合成"面板中的效果如图6-99所示。

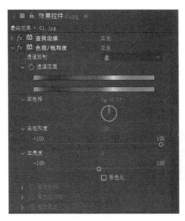

图6-98　　　　　　　　　　　　　　　　图6-99

**04** 选择"效果 > 颜色校正 > 曲线"命令，在"效果控件"面板中调整曲线，如图6-100所示。"合成"面板中的效果如图6-101所示。

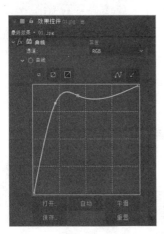

图6-100　　　　　　　　　　　　　　　　图6-101

**05** 选择"效果 > 模糊和锐化 > 快速方框模糊"命令，在"效果控件"面板中设置参数，如图6-102所示。"合成"面板中的效果如图6-103所示。

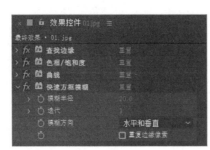

图6-102　　　　　　　　　　　　　　　　图6-103

**06** 在"项目"面板中，选中"02.png"文件并将其拖曳到"时间轴"面板中。按P键展开"位置"属性，设置"位置"为391.0,280.0，如图6-104所示。水墨画效果制作完成，如图6-105所示。

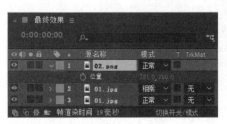

图6-104        图6-105

## 6.3.2 亮度和对比度

"亮度和对比度"效果用于调整画面的亮度和对比度，可以同时调整所有像素的亮部、暗部和中间色，操作简单且有效，但不能对单一通道进行调节，其参数如图6-106所示。

图6-106

亮度：用于调整亮度值，正值表示增加亮度，负值表示降低亮度。

对比度：用于调整对比度值，正值表示增加对比度，负值表示降低对比度。

"亮度和对比度"效果的应用示例如图6-107、图6-108和图6-109所示。

图6-107      图6-108      图6-109

## 6.3.3 曲线

After Effects中的曲线控制功能与Photoshop中的曲线控制功能类似，可对图像的各个通道进行控制，调节图像的色调范围。"曲线"效果是After Effects里非常重要的一个调色工具，其参数如图6-110所示。

在曲线图表中，可以调整图像的阴影部分、中间色调区域和高亮区域。

通道：用于选择进行调控的通道，可以对RGB、红、绿、蓝和Alpha通道分别进行调控。需要在"通道"下拉列表中指定图像通道。

曲线：用于调整颜色，即输入（原始亮度）和输出的对比度。

曲线工具 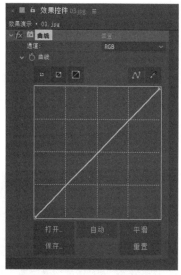：选择曲线工具并单击曲线，可以在曲线上增加控制点。如果要删除控制点，可在曲线上选中要删除的控制点，将其拖曳至图表区域外。按住鼠标左键并拖曳控制点，可对曲线进行编辑。

铅笔工具 ：选择此工具，在坐标区域中拖曳可以绘制一条曲线。

"平滑"按钮：单击此按钮，可以平滑曲线。

"自动"按钮：单击此按钮，可以自动调整图像的对比度。

"打开"按钮：单击此按钮，可以打开存储的曲线调节文件。

"保存"按钮：单击此按钮，可以将调节完成的曲线存储为一个.amp或.acv文件，以供再次使用。

图6-110

## 6.3.4 色相/饱和度

"色相/饱和度"效果用于调整图像的色调、饱和度和亮度。其参数如图6-111所示。

通道控制：用于选择颜色通道，如果选择"主"通道，可以对所有颜色应用效果；如果分别选择"红""黄""绿""青""蓝""品红"通道，则对所选颜色应用效果。

通道范围：显示颜色映射的谱线，用于控制通道范围。上面的色条表示调节前的颜色，下面的色条表示如何在全饱和状态下影响所有色相。调节单独的通道时，下面的色条会显示控制滑块。

主色相：控制所调节的颜色通道的色调，可利用颜色控制轮盘（代表色轮）改变整体色调。

图6-111

主饱和度：用于调整主饱和度。通过调节滑块可以控制所调节的颜色通道的饱和度。

主亮度：用于调整主亮度。通过调节滑块可以控制所调节的颜色通道的亮度。

彩色化：勾选该复选框，可以将灰阶图转换为带有色调的双色图。

着色色相：通过颜色控制轮盘可以控制彩色化后图像的色调。

着色饱和度：通过调节滑块可以控制彩色化后图像的饱和度。

着色亮度：通过调节滑块可以控制彩色化后图像的亮度。

**提示** "色相/饱和度"是After Effects里非常重要的一个调色命令，在更改对象色相属性时很方便。在调节颜色的过程中，可以使用色轮来预测一个颜色成分的更改是如何影响其他颜色的。

"色相/饱和度"效果的应用示例如图6-112、图6-113和图6-114所示。

图6-112

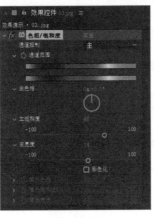

图6-113

图6-114

## 6.3.5 课堂案例——修复逆光影片

**案例学习目标** 学习使用"色阶"命令等调整图片。

**案例知识要点** 使用"导入"命令导入视频，使用"色阶"命令和"颜色平衡"命令调整视频画面。修复逆光影片的效果如图6-115所示。

**效果所在位置** Ch06\修复逆光影片\修复逆光影片.aep。

图6-115

**01** 按Ctrl+N快捷键，弹出"合成设置"对话框，在"合成名称"文本框中输入"最终效果"，其他选项的设置如图6-116所示，单击"确定"按钮，创建一个新的合成"最终效果"。

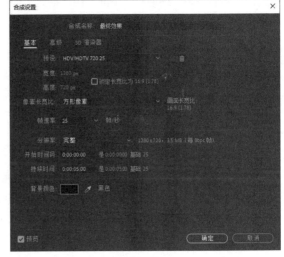

图6-116

**02** 选择"文件 > 导入 > 文件"命令，在弹
出的"导入文件"对话框中选择学习资源中的
"Ch06\修复逆光影片\(Footage)\01.mp4"文
件，单击"打开"按钮，导入视频文件并将其拖曳
到"时间轴"面板中，如图6-117所示。

图6-117

**03** 选中"01.mp4"图层，按S键展开"缩放"属性，设置"缩放"为67.0%,67.0%，如图6-118所
示。"合成"面板中的效果如图6-119所示。

图6-118

图6-119

**04** 选择"效果 > 颜色校正 > 色
阶"命令，在"效果控件"面板
中进行参数设置，如图6-120所
示。"合成"面板中的效果如图
6-121所示。

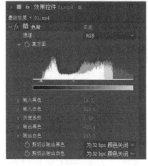

图6-120

图6-121

**05** 选择"效果 > 颜色校正 > 颜
色平衡"命令，在"效果控件"
面板中进行设置，如图6-122所
示。逆光影片修复完成，效果如
图6-123所示。

图6-122

图6-123

## 6.3.6 颜色平衡

"颜色平衡"效果用于调整图像的色彩平衡。通过对图像的红、绿、蓝通道分别进行调节，可调节对应颜色在暗部、中间色调区域和高亮部分的强度，其参数如图6-124所示。

图6-124

阴影红色/绿色/蓝色平衡：用于平衡阴影部分的红色、绿色或蓝色。

中间调红色/绿色/蓝色平衡：用于平衡中间色调范围内的红色、绿色或蓝色。

高光红色/绿色/蓝色平衡：用于平衡高亮范围内的红色、绿色或蓝色。

保持发光度：该选项用于保持图像的平均亮度，以保持图像的整体平衡。

"颜色平衡"效果的应用示例如图6-125、图6-126和图6-127所示。

图6-125

图6-126

图6-127

## 6.3.7 色阶

"色阶"效果用于将输入颜色或Alpha通道色阶的范围重新映射到输出色阶的新范围，并由灰度系数值确定值的分布。"色阶"效果主要用于基本的影像质量调整，其参数如图6-128所示。

通道：用于选择要进行调控的通道，可以对RGB、红、绿、蓝和Alpha等通道分别进行调控。

直方图：通过该图可以了解像素在图像中的分布情况。水平方向表示亮度值，垂直方向表示该亮度值的像素数量。

输入黑色：用于限定输入图像黑色值的阈值。

输入白色：用于限定输入图像白色值的阈值。

灰度系数：用于设置确定输出图像亮度值分布的功率曲线的指数。

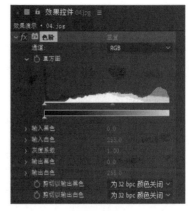

图6-128

输出黑色：用于限定输出图像黑色值的阈值。

输出白色：用于限定输出图像白色值的阈值。

剪切以输出黑色和剪切以输出白色：用于确定亮度值小于"输入黑色"值或大于"输入白色"值的像素的结果。

"色阶"效果的应用示例如图6-129、图6-130和图6-131所示。

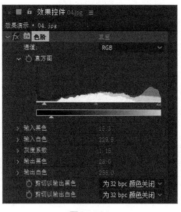

图6-129　　　　　　　　　　　　　　图6-130　　　　　　　　　　　　　　图6-131

# 6.4 生成

"生成"效果组里包含很多效果，可以创造出一些原画面中没有的效果，这些效果在动画制作中有着广泛的应用。

## 6.4.1 课堂案例——动感模糊文字

案例学习目标 学习使用"镜头光晕"效果。

案例知识要点 使用"卡片擦除"命令制作动感文字，使用"定向模糊"命令、"色阶"命令、"Shine"命令制作文字发光效果并改变发光颜色，使用"镜头光晕"命令添加镜头光晕效果。动感模糊文字效果如图6-132所示。

效果所在位置 Ch06\动感模糊文字\动感模糊文字.aep。

图6-132

### 1. 导入素材并输入文字

**01** 按Ctrl+N快捷键，弹出"合成设置"对话框，在"合成名称"文本框中输入"最终效果"，其他选项的设置如图6-133所示，单击"确定"按钮，创建一个新的合成"最终效果"。

**02** 选择"文件 > 导入 > 文件"命令，在弹出的"导入文件"对话框中选择学习资源中的"Ch06 \动感模糊文字\（Footage）\ 01.mp4"文件，单击"导入"按钮，视频被导入"项目"面板中，如图6-134所示，并将其拖曳到"时间轴"面板中。

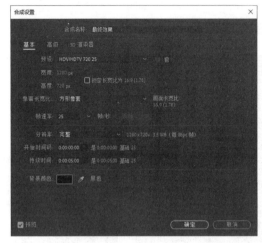

图6-133　　　　　　　　　　　　　　　　　图6-134

**03** 选择横排文字工具 **T**，在"合成"面板中输入文字"途云乐乐旅游"。选中文字，在"字符"面板中设置"填充颜色"为蓝色（R、G、B值分别为3、161、213），其他参数的设置如图6-135所示。按P键展开"位置"属性，设置"位置"为639.0,355.6。"合成"面板中的效果如图6-136所示。

图6-135　　　　　　　　　　　　图6-136

### 2. 添加文字效果

**01** 选中"文字"图层，选择"效果> 过渡 > 卡片擦除"命令，在"效果控件"面板中设置参数，如图6-137所示。"合成"面板中的效果如图6-138所示。

**02** 将时间标签放置在0:00:00:00的位置。在"效果控件"面板中单击"过渡完成"选项左侧的"关键帧自动记录器"按钮 ，如图6-139所示，记录第1个关键帧。

图6-137

图6-138

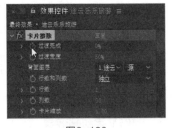

图6-139

**03** 将时间标签放置在0:00:02:00的位置，在"效果控件"面板中设置"过渡完成"为100%，如图6-140所示，记录第2个关键帧。"合成"面板中的效果如图6-141所示。

图6-140

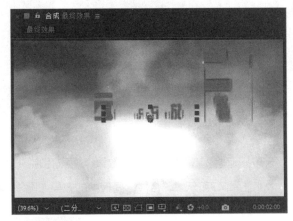

图6-141

**04** 将时间标签放置在0:00:00:00的位置，在"效果控件"面板中展开"摄像机位置"选项，设置"Y轴旋转"为100x+0.0°，"Z位置"为1.00。分别单击"摄像机位置"下的"Y轴旋转"和"Z位置"、"位置抖动"下的"X抖动量"和"Z抖动量"选项左侧的"关键帧自动记录器"按钮圈，如图6-142所示。

**05** 将时间标签放置在0:00:02:00的位置，设置"Y轴旋转"为0x+0.0°，"Z位置"为2.00，"X抖动量"为0.00，"Z抖动量"为0.00，如图6-143所示。"合成"面板中的效果如图6-144所示。

图6-142　　　　　　　　　图6-143　　　　　　　　　图6-144

### 3. 制作文字动感效果

**01** 选中文字图层，按Ctrl+D快捷键复制图层，如图6-145所示。在"时间轴"面板中，设置复制得到的图层的混合模式为"相加"，如图6-146所示。

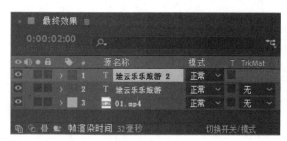
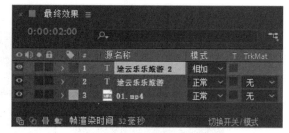

图6-145　　　　　　　　　　　　　　图6-146

**02** 选中"途云乐乐旅游2"图层，选择"效果 > 模糊和锐化 > 定向模糊"命令，在"效果控件"面板中设置参数，如图6-147所示。"合成"面板中的效果如图6-148所示。

图6-147　　　　　　　　　　　图6-148

**03** 将时间标签放置在0:00:00:00的位置，在"效果控件"面板中单击"模糊长度"选项左侧的"关键帧自动记录器"按钮，记录第1个关键帧。将时间标签放置在0:00:01:00的位置，在"效果控件"面板

中设置"模糊长度"为100.0，
如图6-149所示，记录第2个关
键帧。"合成"面板中的效果如
图6-150所示。

图6-149　　　　　　　　图6-150

**04** 将时间标签放置在0:00:02:00的位置，按U键展开"途云乐乐旅游 2"图层中的所有关键帧，单击
"模糊长度"选项左侧的"在当前时间添加或移除关键帧"按钮◙，记录第3个关键帧，如图6-151
所示。

**05** 将时间标签放置在0:00:02:05的位置，在"时间轴"面板中设置"模糊长度"为150.0，如图6-152
所示，记录第4个关键帧。

图6-151　　　　　　　　　　　图6-152

**06** 选择"效果 > 颜色校正 > 色阶"命令，在"效果控件"面板中设置参数，如图6-153所示。选择
"效果 > Trapcode > Shine"命令（该命令需安装相应插件方可使用），在"效果控件"面板中设置
参数，如图6-154所示。"合成"面板中的效果如图6-155所示。

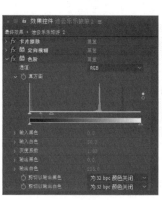

图6-153　　　　　　图6-154　　　　　　　　图6-155

**07** 在当前合成中建立一个新的黑色纯色图层"遮罩"。将时间标签放置在0:00:02:00的位置，按P键展开"位置"属性，设置"位置"为640.0,360.0，单击"位置"选项左侧的"关键帧自动记录器"按钮■，如图6-156所示，记录第1个关键帧。将时间标签放置在0:00:03:00的位置，设置"位置"为1560.0,360.0，如图6-157所示，记录第2个关键帧。

图6-156 　　　　　　　　　　　　图6-157

**08** 选中"途云乐乐旅游 2"图层，将该图层的"T TrkMat"设置为"Alpha遮罩'遮罩'"，如图6-158所示。"合成"面板中的效果如图6-159所示。

图6-158 　　　　　　　　　　　　图6-159

### 4．添加镜头光晕效果

**01** 将时间标签放置在0:00:02:00的位置，在当前合成中建立一个新的黑色纯色图层"光晕"，如图6-160所示。在"时间轴"面板中设置"光晕"图层的混合模式为"相加"，如图6-161所示。

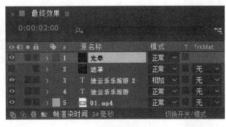

图6-160 　　　　　　　　　　　　图6-161

**02** 选中"光晕"图层，选择"效果 > 生成 > 镜头光晕"命令，在"效果控件"面板中设置参数，如图6-162所示。"合成"面板中的效果如图6-163所示。

图6-162

图6-163

**03** 在"效果控件"面板中单击"光晕中心"选项左侧的"关键帧自动记录器"按钮◎，如图6-164所示，记录第1个关键帧。将时间标签放置在0:00:03:00的位置，在"效果控件"面板中设置"光晕中心"为1280.0,360.0，如图6-165所示，记录第2个关键帧。

图6-164

图6-165

**04** 选中"光晕"图层，将时间标签放置在0:00:02:00的位置，按Alt+ [ 快捷键设置入点，如图6-166所示。将时间标签放置在0:00:03:00的位置，按Alt+ ] 快捷键设置出点，如图6-167所示。动感模糊文字效果制作完成。

图6-166

图6-167

## 6.4.2 高级闪电

　　"高级闪电"效果可以用来模拟真实的闪电和放电效果，并自动设置动画，其参数如图6-168所示。

　　闪电类型：用于设置闪电的种类。

　　源点：用于设置闪电的起始位置。

　　方向：用于设置闪电的结束位置。

传导率状态：用于设置闪电主干的变化。

核心半径：用于设置闪电主干的宽度。

核心不透明度：用于设置闪电主干的不透明度。

核心颜色：用于设置闪电主干的颜色。

发光半径：用于设置闪电光晕的大小。

发光不透明度：用于设置闪电光晕的不透明度。

发光颜色：用于设置闪电光晕的颜色。

Alpha障碍：用于设置闪电障碍的大小。

湍流：用于设置闪电的流动变化。

分叉：用于设置闪电的分叉数量。

衰减：用于设置闪电的衰减数量。

主核心衰减：用于设置闪电主干的衰减数量。

在原始图像上合成：勾选此复选框可以直接针对图片设置闪电。

复杂度：用于设置闪电的复杂程度。

最小分叉距离：分叉之间的距离，值越大，分叉越少。

终止阈值：值较小时，闪电更容易终止。

仅主核心碰撞：勾选该复选框，只有主干会受到"Alpha 障碍"设置的影响，从主干衍生出的分叉不会受到影响。

分形类型：用于设置闪电主干的线条样式。

核心消耗：用于设置闪电主干渐隐结束。

分叉强度：用于设置闪电分叉的强度。

分叉变化：用于设置闪电分叉的变化。

"高级闪电"效果的应用示例如图6-169、图6-170和图6-171所示。

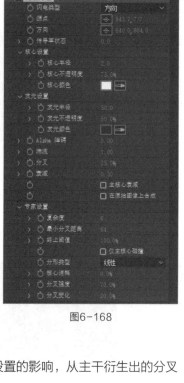

图6-168

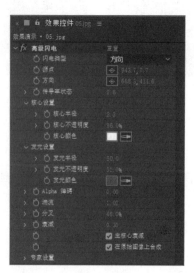

图6-169　　　　　　　图6-170　　　　　　　图6-171

### 6.4.3　镜头光晕

"镜头光晕"效果可以模拟用镜头拍摄发光的物体时所产生的很多光环的效果，这是后期制作中经常使用的提升画面效果的方法，其参数如图6-172所示。

图6-172

光晕中心：用于设置发光点的中心位置。

光晕亮度：用于设置光晕的亮度。

镜头类型：用于选择镜头的类型，有50-300毫米变焦、35毫米定焦和105毫米定焦这3种。

与原始图像混合：用于指定和原素材图像的混合程度。

"镜头光晕"效果的应用示例如图6-173、图6-174和图6-175所示。

图6-173　　　　　　　　　　图6-174　　　　　　　　　　图6-175

### 6.4.4　课堂案例——透视光芒

案例学习目标　学习制作透视光芒的方法。

案例知识要点　使用"单元格图案"命令、"亮度和对比度"命令、"快速方框模糊"命令、"发光"命令等制作光芒形状，使用3D图层编辑透视效果。透视光芒效果如图6-176所示。

效果所在位置　Ch06\透视光芒\透视光芒.aep。

图6-176

**1. 导入素材并编辑单元格形状**

**01** 按Ctrl+N快捷键，弹出"合成设置"对话框，在"合成名称"文本框中输入"最终效果"，其他选项的设置如图6-177所示，单击"确定"按钮，创建一个新的合成"最终效果"。

**02** 选择"文件 > 导入 > 文件"命令，在弹出的"导入文件"对话框中选择学习资源中的"Ch06\透视光芒\(Footage)\01.jpg"文件，单击"打开"按钮，导入图片。在"项目"面板中选中"01.jpg"文件并将其拖曳到"时间轴"面板中。

**03** 选择"图层 > 新建 > 纯色"命令，弹出"纯色设置"对话框，在"名称"文本框中输入"光芒"，将"颜色"设置为黑色,单击"确定"按钮,在"时间轴"面板中新增一个黑色纯色图层,如图6-178所示。

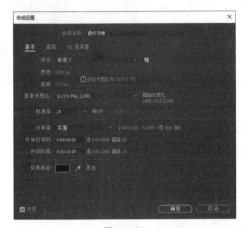

图6-177

图6-178

**04** 选中"光芒"图层,选择"效果 > 生成 > 单元格图案"命令,在"效果控件"面板中进行参数设置,如图6-179所示。"合成"面板中的效果如图6-180所示。

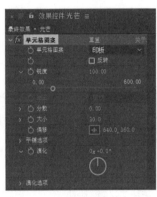

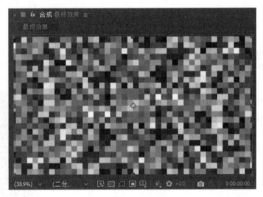

图6-179

图6-180

**05** 在"效果控件"面板中单击"演化"选项左侧的"关键帧自动记录器"按钮 ,如图6-181所示,记录第1个关键帧。将时间标签放置在0:00:09:24的位置,在"效果控件"面板中设置"演化"为7x+0.0°,如图6-182所示,记录第2个关键帧。

图6-181

图6-182

**06** 选择"效果 > 颜色校正 > 亮度和对比度"命令,在"效果控件"面板中进行参数设置,如图6-183
所示。"合成"面板中的效果如图6-184所示。

图6-183　　　　　　　　　　　　　　　　　图6-184

**07** 选择"效果 > 模糊和锐化 > 快速方框模糊"命令,在"效果控件"面板中进行参数设置,如图
6-185所示。"合成"面板中的效果如图6-186所示。

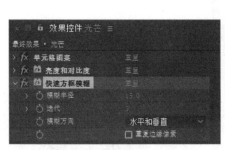

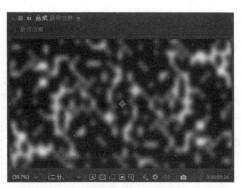

图6-185　　　　　　　　　　　　　　　　　图6-186

**08** 选择"效果 > 风格化 > 发光"命令,在"效果控件"面板中,设置"颜色A"为黄色(R、G、B的
值分别为255、228、0),"颜色B"为红色(R、G、B的值分别为255、0、0),其他参数的设置如
图6-187所示。"合成"面板中的效果如图6-188所示。

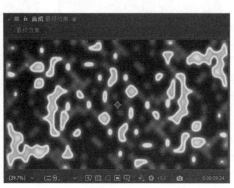

图6-187　　　　　　　　　　　　　　　　　图6-188

### 2. 添加透视效果

**01** 选择矩形工具▭，在"合成"面板中拖曳鼠标绘制一个矩形蒙版，选中"光芒"图层，按两次M键展开"蒙版"属性，设置"蒙版不透明度"为100%，"蒙版羽化"为233.0,233.0像素，如图6-189所示。"合成"面板中的效果如图6-190所示。

图6-189

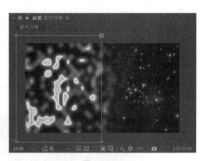

图6-190

**02** 选择"图层 > 新建 > 摄像机"命令，弹出"摄像机设置"对话框，在"名称"文本框中输入"摄像机1"，其他选项的设置如图6-191所示，单击"确定"按钮，在"时间轴"面板中新增一个摄像机图层，如图6-192所示。

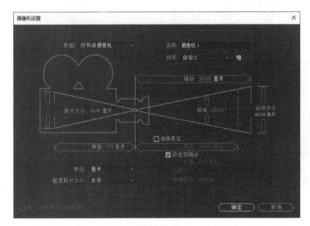

图6-191

图6-192

**03** 将时间标签放置在0:00:00:00的位置，选中"光芒"图层，单击"光芒"图层右侧的"3D图层"按钮▦，打开三维属性，设置"变换"选项，如图6-193所示。"合成"面板中的效果如图6-194所示。

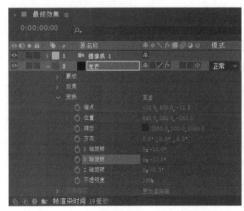

图6-193

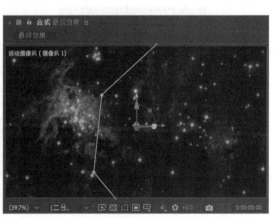

图6-194

**04** 单击"锚点"选项左侧的"关键帧自动记录器"按钮⑤，如图6-195所示，记录第1个关键帧。将时间标签放置到0:00:09:24的位置。设置"锚点"为884.3,400,-12.5，记录第2个关键帧，如图6-196所示。

图6-195

图6-196

**05** 在"时间轴"面板中设置"光芒"图层的混合模式为"线性减淡"，如图6-197所示。透视光芒效果制作完成，如图6-198所示。

图6-197

图6-198

## 6.4.5　单元格图案

"单元格图案"效果可以创建多种类型的类似细胞图案的单元图案拼合效果，其参数如图6-199所示。

图6-199

单元格图案：用于选择图案的类型，包括"气泡""晶体""印板""静态板""晶格化""枕状""晶体HQ""印板HQ""静态板HQ""晶格化HQ""混合晶体""管状"等选项。

反转：用于反转图案效果。

对比度：用于设置单元格的颜色对比度。

溢出：设置效果重映射超出0~255灰度范围的值的方式。

分散：用于设置图案的分散程度。

大小：用于设置单个图案的大小。

偏移：用于设置图案偏离中心点的量。

平铺选项：在该选项下勾选"启用平铺"复选框后，可以设置水平单元格和垂直单元格的数量。

演化：通过设置关键帧，可以记录运动变化的动画效果。

演化选项：用于设置图案的各种扩展变化。

循环（旋转次数）：用于设置图案的循环次数。

随机植入：用于设置图案的随机速度。

"单元格图案"效果的应用示例如图6-200、图6-201和图6-202所示。

图6-200

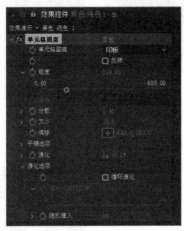
图6-201

图6-202

## 6.4.6 棋盘

"棋盘"效果能在图像上创建类似棋盘格的图案效果，其参数如图6-203所示。

锚点：用于设置棋盘格的位置。

大小依据：用于选择棋盘的尺寸类型，包括"角点""宽度滑块""宽度和高度滑块"等选项。

边角：只有在"大小依据"中选择"角点"选项，才能激活此选项。

宽度：只有在"大小依据"中选择"宽度滑块"或"宽度和高度滑块"选项，才能激活此选项。

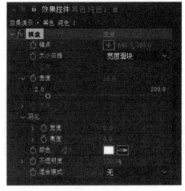
图6-203

高度：只有在"大小依据"中选择"宽度滑块"或"宽度和高度滑块"选项，才能激活此选项。

羽化：用于设置棋盘格子水平或垂直边缘的羽化程度。

颜色：用于选择棋盘格子的颜色。

不透明度：用于设置棋盘的不透明度。

混合模式：用于设置棋盘与原图的混合方式。

"棋盘"效果的应用示例如图6-204、图6-205和图6-206所示。

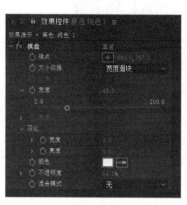

图6-204 图6-205 图6-206

# 6.5 扭曲

"扭曲"效果组主要用来对图像进行扭曲变形，是很重要的一类画面效果，可以对画面的形状进行校正，也可以使正常的画面变形为特殊的效果。

## 6.5.1 课堂案例——放射光芒

案例学习目标 学习使用"扭曲"效果组制作放射状的光芒效果。

案例知识要点 使用"分形杂色"命令、"定向模糊"命令、"色相/饱和度"命令、"发光"命令、"极坐标"命令等制作放射光芒效果。放射光芒效果如图6-207所示。

效果所在位置 Ch06\放射光芒\放射光芒.aep。

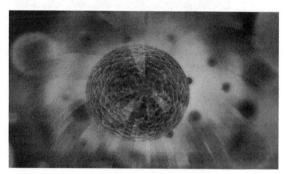

图6-207

**01** 按Ctrl+N快捷键，弹出"合成设置"对话框，在"合成名称"文本框中输入"最终效果"，其他选项的设置如图6-208所示，单击"确定"按钮，创建一个新的合成"最终效果"。

**02** 选择"文件 > 导入 > 文件"命令，在弹出的"导入文件"对话框中选择学习资源中的"Ch06\放射光芒\（Footage）\01.jpg"文件，单击"导入"按钮，将素材导入"项目"面板中，如图6-209所示。

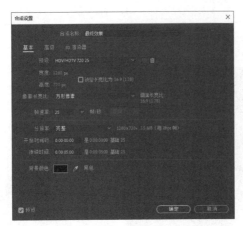

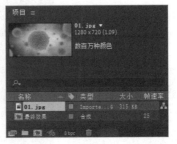

图6-208 图6-209

**03** 在"项目"面板中选中"01.jpg"文件，将其拖曳到"时间轴"面板中，如图6-210所示。"合成"面板中的效果如图6-211所示。

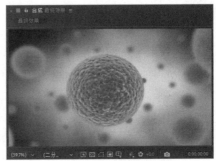

图6-210 图6-211

**04** 选择"图层 > 新建 > 纯色"命令，弹出"纯色设置"对话框，在"名称"文本框中输入"放射光芒"，将"颜色"设置为黑色，单击"确定"按钮，在"时间轴"面板中新增一个黑色纯色图层，如图6-212所示。

**05** 选中"放射光芒"图层，选择"效果 > 杂色和颗粒 > 分形杂色"命令，在"效果控件"面板中设置参数，如图6-213所示。"合成"面板中的效果如图6-214所示。

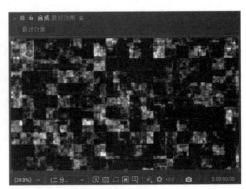

图6-212 图6-213 图6-214

**06** 将时间标签放置在0:00:00:00
的位置，在"效果控件"面
板中单击"演化"选项左侧的
"关键帧自动记录器"按钮 ，
如图6-215所示，记录第1个
关键帧。将时间标签放置在
0:00:04:24的位置，在"效果
控件"面板中设置"演化"为
10x+0.0°，如图6-216所示，
记录第2个关键帧。

图6-215　　　　　　　　　　　图6-216

**07** 将时间标签放置在0:00:00:00
的位置，选中"放射光芒"图
层，选择"效果 > 模糊和锐化 >
定向模糊"命令，在"效果控
件"面板中设置参数，如图
6-217所示。"合成"面板中的
效果如图6-218所示。

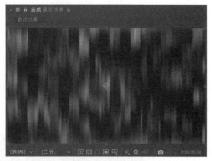

图6-217　　　　　　　　　　　图6-218

**08** 选择"效果 > 颜色校正 > 色相/饱和度"命令，在"效果控件"面板中设置参数，如图6-219所示。
"合成"面板中的效果如图6-220所示。

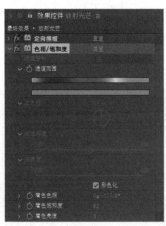
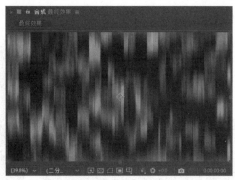

图6-219　　　　　　　　　　　图6-220

**09** 选择"效果 > 风格化 > 发光"命令，在"效果控件"面板中，设置"颜色A"为蓝色（R、G、B值
分别为36、98、255），设置"颜色B"为黄色（R、G、B值分别为255、234、0），其他参数的设
置如图6-221所示。"合成"面板中的效果如图6-222所示。

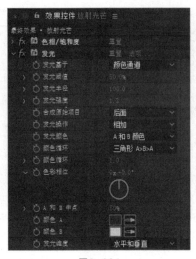

图6-221

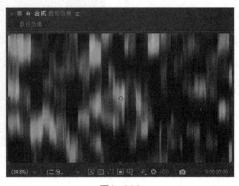

图6-222

**10** 选择"效果 > 扭曲 > 极坐标"命令,在"效果控件"面板中设置参数,如图6-223所示。"合成"面板中的效果如图6-224所示。

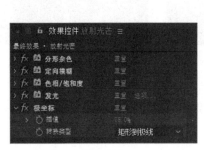

图6-223

图6-224

**11** 在"时间轴"面板中设置"放射光芒"图层的混合模式为"柔光",如图6-225所示。放射光芒效果制作完成,如图6-226所示。

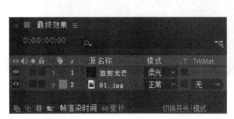

图6-225

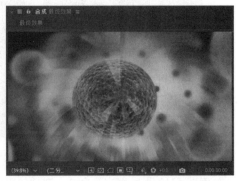

图6-226

## 6.5.2　凸出

"凸出"效果可以模拟图像透过气泡或放大镜时所产生的放大效果，其参数如图6-227所示。

图6-227

水平半径：用于设置膨胀效果的水平半径大小。

垂直平径：用于设置膨胀效果的垂直半径大小。

凸出中心：用于设置膨胀效果的中心定位点。

凸出高度：用于设置膨胀程度，正值为膨胀，负值为收缩。

锥形半径：用于设置膨胀边界的锐利程度。

消除锯齿（仅最佳品质）：反锯齿设置，只用于最高质量的图像。

固定所有边缘：用于固定所有边缘。

"凸出"效果的应用示例如图6-228、图6-229和图6-230所示。

图6-228

图6-229

图6-230

## 6.5.3　边角定位

"边角定位"效果通过改变4个角的位置来使图像变形，可根据需要来定位。该效果可以拉伸、收缩、倾斜和扭曲图形，也可以用来模拟透视效果，还可以和运动蒙版图层相结合，形成画中画的效果，其参数如图6-231所示。

左上：用于设置左上的定位点。

右上：用于设置右上的定位点。

左下：用于设置左下的定位点。

右下：用于设置右下的定位点。

图6-231

"边角定位"效果的应用示例如图6-232所示。

图6-232

## 6.5.4 网格变形

"网格变形"效果使用网格化的曲线切片来控制图像的变形区域。确定好网格数量之后，对于网格变形效果的控制，更多的是在合成图像中通过拖曳网格的节点来完成，其参数如图6-233所示。

图6-233

行数：用于设置行数。

列数：用于设置列数。

品质：用于指定图像遵循曲线定义的形状近似程度。品质值越高，图像遵循形状的近似程度越高，同时，渲染时间越长。

扭曲网格：用于改变分辨率，在行列数发生变化时显示。拖曳节点时，如果要调整并显示更细微的效果，可以增加行列数（控制节点）。

"网格变形"效果的应用示例如图6-234、图6-235和图6-236所示。

图6-234

图6-235

图6-236

## 6.5.5 极坐标

"极坐标"效果用来将图像的直角坐标转换为极坐标，从而产生扭曲效果，其参数如图6-237所示。

图6-237

插值：用于设置扭曲程度。

转换类型：用于设置转换类型。"极线到矩形"表示将极坐标转换为直角坐标，"矩形到极线"表示将直角坐标转换为极坐标。

"极坐标"效果的应用示例如图6-238、图6-239和图6-240所示。

图6-238

图6-239

图6-240

## 6.5.6　置换图

"置换图"效果是用另一张作为映射层的图像的像素来置换原图像的像素，从而使原图像发生变形，变形方向有水平和垂直两个方向，其参数如图6-241所示。

图6-241

置换图层：选择作为映射层的图像。

用于水平置换/用于垂直置换：调节水平或垂直方向的通道。

最大水平置换/最大垂直置换：调节映射层的水平或垂直位置。在水平方向上，数值为负数是向左移动，为正数是向右移动；在垂直方向上，数值为负数是向下移动，为正数是向上移动，默认范围为-100~100，最大范围为-32000~32000。

置换图特性：用于选择映射方式。

边缘特性：用于设置边缘行为。

像素回绕：用于锁定边缘像素。

扩展输出：用于设置效果伸展到原图像边缘外。

"置换图"效果的应用示例如图6-242、图6-243和图6-244所示。

图6-242

图6-243

图6-244

# 6.6　杂色和颗粒

"杂色和颗粒"效果组可以为素材设置杂色或颗粒效果，通过它可分散素材或使素材的形状产生变化。

## 6.6.1　课堂案例——降噪

案例学习目标 学习为画面降噪的方法。

案例知识要点 使用"移除颗粒"命令、"色阶"命令修饰照片，使用"曲线"命令调整图片曲线。降噪效果如图6-245所示。

效果所在位置 Ch06\降噪\降噪.aep。

图6-245

**01** 按Ctrl+N快捷键，弹出"合成设置"对话框，在"合成名称"文本框中输入"最终效果"，其他选项的设置如图6-246所示，单击"确定"按钮，创建一个新的合成"最终效果"。

**02** 选择"文件 > 导入 > 文件"命令，在弹出的"导入文件"对话框中选择学习资源中的"Ch06\降噪\(Footage)\01.jpg"文件，单击"导入"按钮，导入素材到"项目"面板中并将其拖曳到"时间轴"面板中，如图6-247所示。

图6-246

图6-247

**03** 选中"01.jpg"图层，选择"效果 > 杂色和颗粒 > 移除颗粒"命令，在"效果控件"面板中进行参数设置，如图6-248所示。"合成"面板中的效果如图6-249所示。

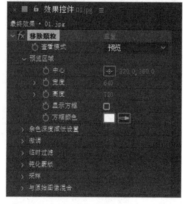

图6-248

图6-249

**04** 添加"移除颗粒"效果，并在"效果控件"面板中设置参数，如图6-250所示。"合成"面板中的效果如图6-251所示。

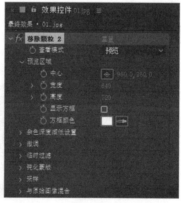

图6-250

图6-251

**05** 选择"效果 > 颜色校正 > 色
阶"命令,在"效果控件"面
板中设置参数,如图6-252所
示。"合成"面板中的效果如图
6-253所示。

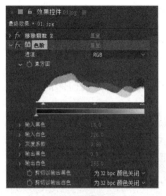 

图6-252　　　　　　　　　　　　图6-253

**06** 选择"效果 > 颜色校正 > 曲
线"命令,在"效果控件"面板
中调整曲线,如图6-254所示。
降噪效果制作完成,如图6-255
所示。

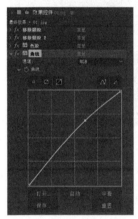 

图6-254　　　　　　　　　　　图6-255

## 6.6.2　分形杂色

　　"分形杂色"效果可以模拟烟、云、水流等纹理图案,其参数如图
6-256所示。

　　分形类型:选择分形类型。

　　杂色类型:选择杂色类型。

　　反转:反转图像的颜色,如将黑色和白色反转。

　　对比度:调节生成的杂色图案的对比度。

　　亮度:调节生成的杂色图案的亮度。

　　溢出:选择下拉列表中的选项之一,可以重映射0~1.0范围之外的
颜色值。

　　复杂度:设置杂色图案的复杂程度。

　　子设置:杂色的子分形变化的相关设置(如子分形影响力、子分形
缩放等)。

　　演化:控制杂色的分形变化相位。

图6-256

演化选项：控制分形变化的一些设置（如循环、随机种子等）。

不透明度：设置所生成的杂色图案的不透明度。

混合模式：设置生成的杂色图案与原素材图像的叠加模式。

"分形杂色"效果的应用示例如图6-257、图6-258和图6-259所示。

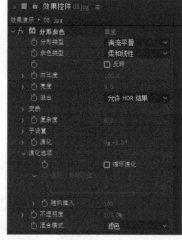

| 图6-257 | 图6-258 | 图6-259 |

## 6.6.3 中间值（旧版）

"中间值（旧版）"效果使用指定半径范围内的像素的平均值来取代原图像的像素值。指定较低数值的时候，该效果可以用来减少画面中的杂点；指定较高数值的时候，会产生一种绘画效果，其参数如图6-260所示。

图6-260

半径：指定像素半径。

在Alpha通道上运算：勾选该复选框，效果将应用于Alpha通道。

"中间值（旧版）"效果的应用示例如图6-261、图6-262和图6-263所示。

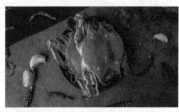

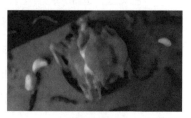

| 图6-261 | 图6-262 | 图6-263 |

## 6.6.4 移除颗粒

"移除颗粒"效果可以移除杂点或颗粒，其参数如图6-264所示。

查看模式：设置查看的模式，有预览、杂波取样、混合蒙版、最终输出等。

图6-264

预览区域：设置预览区域的大小、位置等。

杂色深度减低设置：用于设置图像杂色的总数量。

微调：对材质、尺寸、色泽等进行精细的设置。

临时过滤：是否开启实时过滤。

钝化蒙版：设置反锐化遮罩。

采样：设置各种采样情况、采样点等参数。

与原始图像混合：设置与原始图像混合的程度。

"移除颗粒"效果的应用示例如图6-265、图6-266和图6-267所示。

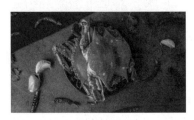

图6-265

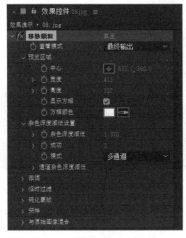

图6-266

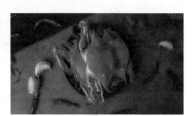

图6-267

# 6.7 模拟

"模拟"效果组包括卡片动画、焦散、泡沫、碎片和粒子运动场等，这些效果功能强大，可以用来设置多种逼真的效果，不过其参数项较多，设置起来也比较复杂。

## 6.7.1 课堂案例——气泡效果

**案例学习目标** 学习使用"泡沫"效果制作气泡。

**案例知识要点** 使用"泡沫"命令制作气泡并编辑相关属性。气泡效果如图6-268所示。

**效果所在位置** Ch06\气泡效果\气泡效果.aep。

图6-268

**01** 按Ctrl+N快捷键，弹出"合成设置"对话框，在"合成名称"文本框中输入"最终效果"，其他选项的设置如图6-269所示，单击"确定"按钮，创建一个新的合成"最终效果"。

**02** 选择"文件 > 导入 > 文件"命令，在弹出的"导入文件"对话框中选择学习资源中的"Ch06 \气泡效果\ (Footage) \ 01.jpg"文件，单击"导入"按钮，导入背景图片到"项目"面板中，并将其拖曳到"时间轴"面板中。选中"01.jpg"图层，按Ctrl+D快捷键复制图层，如图6-270所示。

**03** 选中第1个图层，选择"效果 > 模拟 > 泡沫"命令，在"效果控件"面板中进行参数设置，如图6-271所示。

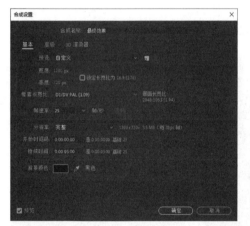
图6-269

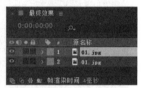
图6-270

图6-271

**04** 将时间标签放置在0:00:00:00的位置，在"效果控件"面板中单击"强度"选项左侧的"关键帧自动记录器"按钮，如图6-272所示，记录第1个关键帧。将时间标签放置在0:00:04:24的位置，在"效果控件"面板中设置"强度"为0.000，如图6-273所示，记录第2个关键帧。气泡效果制作完成，如图6-274所示。

图6-272

图6-273

图6-274

## 6.7.2 泡沫

"泡沫"效果的参数如图6-275所示。

视图：在该下拉列表中，可以选择气泡效果的显示方式。"草图"方式以草图模式渲染气泡效果，虽然不能在该方式下看到气泡的最终效果，但是可以预览气泡的运动方式和显示状态，该方式计算速度非常快。为效果指定影响通道后，使用"草图+流动映射"方式可以看到指定的影响对象。在"已渲染"方式下可以预览气泡的最终效果，但是计算速度相对较慢。

制作者：用于设置气泡的粒子发射器的相关参数，如图6-276所示。

图6-275　　　　　　　　　图6-276

● 产生点：用于控制发射器的位置，所有的气泡粒子都由发射器产生。

● 产生X/Y大小：分别控制发射器的大小。在"草稿"或者"草稿+流动映射"模式下预览效果时，可以观察发射器。

● 产生方向：用于旋转发射器，使气泡产生旋转效果。

● 缩放产生点：可缩放发射器位置。如果不勾选此复选框，系统将默认以发射效果点为中心缩放发射器的位置。

● 产生速率：用于控制发射速度。一般情况下，数值越大，发射速度越快，单位时间内产生的气泡粒子也越多。当数值为0时，不发射粒子。系统发射粒子时，在效果的开始位置粒子数目为0。

气泡：可以对气泡粒子的大小、寿命及强度进行控制，如图6-277所示。

● 大小：用于控制气泡粒子的尺寸。数值越大，每个气泡粒子越大。

● 大小差异：用于控制粒子的大小差异。数值越大，每个粒子的大小差异越大。数值为0时，每个粒子的最终大小相同。

● 寿命：用于控制每个粒子的生命值。每个粒子在产生后，最终都会消失，生命值即粒子从产生到消亡的时间。

● 气泡增长速度：用于控制每个粒子生长的速度，即粒子从产生到变为最终尺寸的时间。

图6-277

● 强度：用于控制粒子效果的强度。

物理学：该参数栏下是影响粒子运动的因素（如初始速度、风速、风向及排斥力等），如图6-278所示。

● 初始速度：控制粒子的初始速度。

● 初始方向：控制粒子的初始方向。

● 风速：控制影响粒子的风速，就好像一股风吹动了粒子一样。

● 风向：控制风的方向。

● 湍流：控制粒子的混乱度。该数值越大，粒子的运动越混乱，同时向四面八方发散；数值较小，则粒子的运动较为有序和集中。

图6-278

● 摇摆量：控制粒子的摇摆强度。数值较大时，粒子会产生摇摆变形。

● 排斥力：用于在粒子间产生排斥力。数值越大，粒子间的排斥性越强。

● 弹跳速度：控制粒子的总速率。

● 粘度：控制粒子的黏度。数值越小，粒子堆砌得越紧密。

● 粘性：控制粒子间的黏着程度。

缩放：对粒子效果进行缩放。

综合大小：该参数栏控制粒子的综合尺寸。在"草图"或者"草图+流动映射"模式下预览效果时，可以观察综合尺寸范围框。

正在渲染：该参数栏控制粒子的渲染属性，如"混合模式"下的粒子纹理及反射效果等。该参数栏中的设置效果仅在渲染模式下才能看到，具体参数如图6-279所示。

图6-279

● 混合模式：用于控制粒子间的融合模式。在"透明"模式下，粒子与粒子间进行透明叠加。

● 气泡纹理：可在该下拉列表中选择气泡粒子的材质。

● 气泡纹理分层：除了系统预设的粒子材质外，还可以指定合成图像中的一个图层作为粒子材质。该图层可以是一个动画图层，粒子将使用其动画材质。在泡沫材质图层下拉列表中选择粒子材质图层。注意，必须在"泡沫材质"下拉列表中将粒子材质设置为"Use Defined"才行。

● 气泡方向：可在该下拉列表中设置气泡的方向。可以使用默认的坐标，也可以使用物理参数控制其方向，还可以根据气泡速率进行控制。

● 环境映射：所有的气泡粒子都可以对周围的环境进行反射，可以在该下拉列表中指定气泡粒子的反射图层。

● 反射强度：控制反射的强度。

● 反射融合：控制反射的融合度。

流动映射：可以在该参数栏中指定一个图层来影响粒子效果。在"流动映射"下拉列表中，可以选择对粒子效果产生影响的目标图层。选择目标图层后，在"草图+流动映射"模式下可以看到流动映射效果，如图6-280所示。

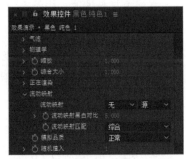

图6-280

- 流动映射黑白对比：用于控制参考图像对粒子的影响。
- 流动映射匹配：在该下拉列表中，可以设置参考图像的大小。
- 模拟品质：在该下拉列表中，可以设置气泡粒子的仿真质量。

"气泡"效果的应用示例如图6-281、图6-282和图6-283所示。

图6-281　　　　　　　　　　　图6-282　　　　　　　　　　　图6-283

# 6.8 风格化

"风格化"效果可以模拟一些真实的绘画效果，或为画面提供某种风格化效果。

## 6.8.1 课堂案例——手绘效果

案例学习目标 学习使用"画笔描边""查找边缘"
效果制作手绘风格。

案例知识要点 使用"查找边缘"命令、"色阶"命
令、"色相/饱和度"命令、"画笔描边"命令制
作手绘效果，使用钢笔工具绘制蒙版形状。手绘效
果如图6-284所示。

效果所在位置 Ch06\手绘效果\手绘效果.aep。

图6-284

**01** 按Ctrl+N快捷键，弹出"合成设置"对话框，在"合成名称"文本框中输入"最终效果"，其他选
项的设置如图6-285所示，单击"确定"按钮，创建一个新的合成"最终效果"。

**02** 选择"文件 > 导入 > 文件"命令，在弹出的"导入文件"对话框中选择学习资源中的"Ch06\手绘
效果\（Footage）\01.jpg"文件，单击"导入"按钮，导入图片。在"项目"面板中选中"01.jpg"文
件并将其拖曳到"时间轴"面板中，如图6-286所示。

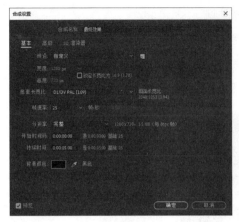

图6-285                                              图6-286

**03** 选中"01.jpg"图层，按Ctrl+D快捷键复制图层，如图6-287所示。选择第1个图层，按T键展开"不透明度"属性，设置"不透明度"为70%，如图6-288所示。

图6-287                                              图6-288

**04** 选择第2个图层，选择"效果 > 风格化 > 查找边缘"命令，在"效果控件"面板中设置参数，如图6-289所示。"合成"面板中的效果如图6-290所示。

图6-289                                              图6-290

**05** 选择"效果 > 颜色校正 > 色阶"命令，在"效果控件"面板中设置参数，如图6-291所示。"合成"面板中的效果如图6-292所示。

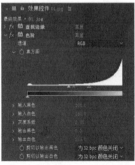

图6-291                                              图6-292

**06** 选择"效果 > 颜色校正 > 色相/饱和度"命令，在"效果控件"面板中设置参数，如图6-293所示。"合成"面板中的效果如图6-294所示。

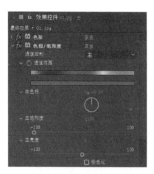

图6-293　　　　　　　　　　图6-294

**07** 选择"效果 > 风格化 > 画笔描边"命令，在"效果控件"面板中设置参数，如图6-295所示。"合成"面板中的效果如图6-296所示。

图6-295　　　　　　　　　　图6-296

**08** 在"项目"面板中选择"01.jpg"文件并将其拖曳到"时间轴"面板的顶部，如图6-297所示。选中第1个图层，选择钢笔工具 ，在"合成"面板中绘制一个蒙版形状，如图6-298所示。

图6-297　　　　　　　　　　图6-298

**09** 选中"图层1"图层，按F键展开"蒙版羽化"属性，设置"蒙版羽化"为30.0,30.0像素，如图6-299所示。手绘效果制作完成，如图6-300所示。

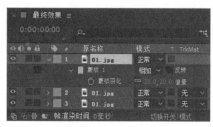

图6-299　　　　　　　　　　图6-300

## 6.8.2 查找边缘

"查找边缘"效果通过强化过渡像素来产生彩色线条，其参数如图6-301所示。

图6-301

反转：用于反向勾边效果。

与原始图像混合：设置和原始素材图像的混合比例。

"查找边缘"效果的应用示例如图6-302、图6-303和图6-304所示。

图6-302

图6-303

图6-304

## 6.8.3 发光

"发光"效果经常用于图像中的文字和带有Alpha通道的图像，可产生发光或光晕的效果，其参数如图6-305所示。

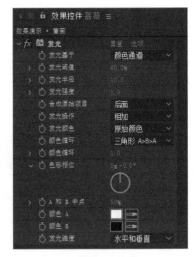

图6-305

发光基于：控制"发光"效果基于哪一种通道方式应用。

发光阈值：设置发光的阈值，影响辉光的覆盖面。

发光半径：设置发光半径。

发光强度：设置发光强度，影响辉光的亮度。

合成原始项目：设置和原始素材图像的合成方式。

发光操作：设置发光模式，类似于图层模式。

发光颜色：设置发光颜色，影响辉光的颜色。

颜色循环：设置发光颜色的循环方式。

颜色循环：设置发光颜色的循环数值。

色彩相位：设置发光颜色的相位。

A和B中点：设置发光颜色A和B的中点百分比。

颜色A：选择颜色A。

颜色B：选择颜色B。

发光维度：设置发光的方向，有"水平和垂直""水平""垂直"3种方向。

"发光"效果的应用示例如图6-306、图6-307和图6-308所示。

图6-306

图6-307

图6-308

## 课堂练习——保留颜色

练习知识要点　使用"曲线"命令、"保留颜色"命令、"色相/饱和度"命令调整图片局部的颜色效果，使用横排文字工具输入文字。保留颜色效果如图6-309所示。

效果所在位置　Ch06\保留颜色\保留颜色.aep。

图6-309

## 课后习题——随机线条

习题知识要点　使用"照片滤镜"命令和"自然饱和度"命令调整视频的色调，使用"分形杂色"命令制作随机线条效果。随机线条效果如图6-310所示。

效果所在位置　Ch06\随机线条\随机线条.aep。

图6-310

# 第 7 章

## 跟踪与表达式

### 本章介绍

本章将介绍After Effects 2022中的跟踪与表达式，重点讲解跟踪运动中的单点跟踪和多点跟踪，以及创建表达式和编写表达式的相关内容。通过对本章内容的学习，读者可以制作影片自动生成的动画，完成最终影片效果的制作。

### 学习目标

● 掌握跟踪运动的应用

● 掌握创建与编写表达式的方法

### 技能目标

● 掌握"跟踪老鹰飞行"的方法

● 掌握"跟踪对象运动"的方法

● 掌握"放大镜效果"的制作方法

# 7.1 跟踪运动

跟踪运动是对影片中产生运动的物体进行跟踪。应用跟踪运动时，合成文件中应该至少有两个图层：一个图层为跟踪目标图层，另一个图层是连接到跟踪点的图层。当导入影片素材后，选择"动画 > 跟踪运动"命令即可进行跟踪运动，如图7-1所示。

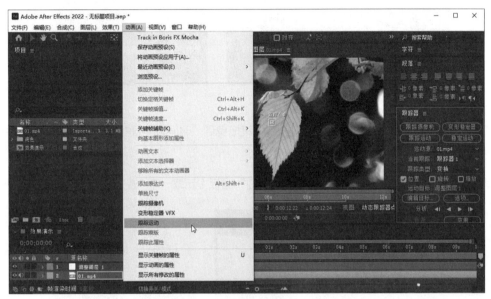

图7-1

## 7.1.1 课堂案例——跟踪老鹰飞行

【案例学习目标】学习使用"单点跟踪"命令。

【案例知识要点】使用"导入"命令导入视频文件，使用"跟踪器"命令进行单点跟踪。跟踪老鹰飞行效果如图7-2所示。

【效果所在位置】Ch07\跟踪老鹰飞行\跟踪老鹰飞行.aep。

图7-2

**01** 按Ctrl+N快捷键，弹出"合成设置"对话框，在"合成名称"文本框中输入"最终效果"，其他选项的设置如图7-3所示，单击"确定"按钮，创建一个新的合成"最终效果"。选择"文件 > 导入 > 文件"命令，在弹出的"导入文件"对话框中选择学习资源中的"Ch07\跟踪老鹰飞行\ (Footage) \ 01.mp4"文件，单击"导入"按钮，导入视频文件到"项目"面板中，如图7-4所示。

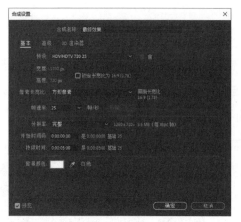

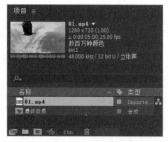

图7-3                                图7-4

**02** 在"项目"面板中，选中"01.mp4"文件并将其拖曳到"时间轴"面板中。"合成"面板中的效果如图7-5所示。

**03** 选择"图层 > 新建 > 空对象"命令，在"时间轴"面板中新增一个"空 1"图层，如图7-6所示。

图7-5                                图7-6

**04** 选择"窗口 > 跟踪器"命令，打开"跟踪器"面板，如图7-7所示。选中"01.mp4"图层，在"跟踪器"面板中单击"跟踪运动"按钮，面板将处于激活状态，如图7-8所示。"合成"面板中的效果如图7-9所示。

图7-7                图7-8                图7-9

**05** 拖曳控制点到老鹰眼睛的位置，如图7-10所示。在"跟踪器"面板中单击"向前分析"按钮，将自动进行跟踪计算，如图7-11所示。

图7-10　　　　　　　　　　图7-11

**06** 在"跟踪器"面板中单击"应用"按钮，如图7-12所示，弹出"动态跟踪器应用选项"对话框，单击"确定"按钮，如图7-13所示。

图7-12　　　　　　　　图7-13

**07** 选中"01.mp4"图层，按U键展开所有关键帧，可以看到刚才的控制点经过跟踪计算后所产生的一系列关键帧，如图7-14所示。

图7-14

**08** 选中"空 1"图层，按U键展开所有关键帧，同样可以看到由跟踪计算所产生的一系列关键帧，如图7-15所示。跟踪老鹰飞行效果制作完成。

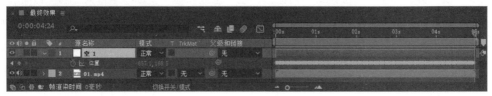

图7-15

## 7.1.2 单点跟踪

在某些合成效果中，可能需要使某种效果跟踪另外一个物体的运动，从而得到想要的最佳效果。例如，通过动态跟踪树叶尖部某一个点的运动轨迹，使调节图层与树叶尖部的运动轨迹相同，完成合成效果，如图7-16所示。

选择"动画 > 跟踪运动"或"窗口 > 跟踪器"命令，打开"跟踪器"面板，在"图层"面板中显示当前图层，设置"跟踪类型"为"变换"，实现单点跟踪效果。与图层视图相结合，可以设置单点跟踪效果，如图7-17所示。

图7-16

图7-17

## 7.1.3 课堂案例——跟踪对象运动

**案例学习目标** 学习通过多个点跟踪运动的对象的方法。

**案例知识要点** 使用"导入"命令导入视频文件；使用"跟踪器"命令编辑多个跟踪点。跟踪对象运动效果如图7-18所示。

**效果所在位置** Ch07\跟踪对象运动\跟踪对象运动.aep。

图7-18

**01** 按Ctrl+N快捷键，弹出"合成设置"对话框，在"合成名称"文本框中输入"最终效果"，其他选项的设置如图7-19所示，单击"确定"按钮，创建一个新的合成"最终效果"。选择"文件 > 导入 >文件"命令，弹出"导入文件"对话框，选择学习资源中的"Ch07 \跟踪对象运动\ (Footage) \ 01.mp4和02.mp4"文件，单击"导入"按钮，导入文件到"项目"面板中，如图7-20所示。

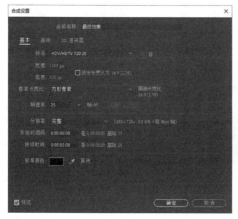
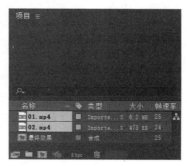

图7-19　　　　　　　　　　　　　　　图7-20

**02** 在"项目"面板中选择"01.mp4"文件，并将其拖曳到"时间轴"面板中，如图7-21所示。"合成"面板中的效果如图7-22所示。

图7-21　　　　　　　　　　　　　　　图7-22

**03** 在"项目"面板中选择"02.mp4"文件，并将其拖曳到"时间轴"面板中，如图7-23所示。"合成"面板中的效果如图7-24所示。

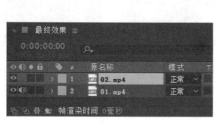

图7-23　　　　　　　　　　　　　　　图7-24

**04** 选择"窗口 > 跟踪器"命令，打开"跟踪器"面板，如图7-25所示。选中"01.mp4"图层，在"跟踪器"面板中单击"跟踪运动"按钮，面板将处于激活状态，如图7-26所示。"合成"面板中的效果如图7-27所示。

图7-25

图7-26

图7-27

**05** 在"跟踪器"面板的"跟踪类型"下拉列表中选择"透视边角定位"选项，如图7-28所示。"合成"面板中的效果如图7-29所示。

图7-28

图7-29

**06** 分别拖曳4个控制点到画面的四角，如图7-30所示。在"跟踪器"面板中单击"向前分析"按钮，将自动进行跟踪计算，如图7-31所示。单击"应用"按钮，如图7-32所示。完成跟踪的设置。

图7-30

图7-31

图7-32

**07** 选中"01.mp4"图层，按U键展开所有关键帧，可以看到刚才的控制点经过跟踪计算后所产生的一系列关键帧，如图7-33所示。

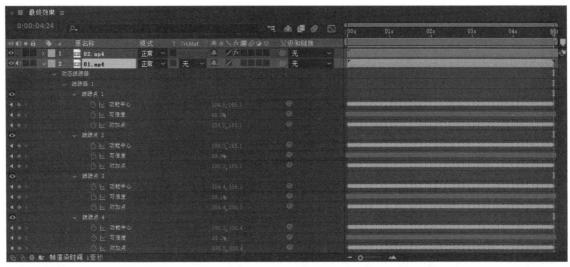

图7-33

**08** 选中"02.mp4"图层，按U键展开所有关键帧，同样可以看到由跟踪计算所产生的一系列关键帧，如图7-34所示。跟踪对象运动效果制作完成，如图7-35所示。

图7-34

图7-35

## 7.1.4 多点跟踪

　　在某些影片的合成过程中，经常需要将动态影片中的某一部分图像设置成其他图像，并生成跟踪效果，制作出想要的效果。例如，将一段影片与另一指定的图像进行置换合成。动态跟踪通过跟踪标牌上的4个点的运动轨迹，使指定置换的图像与标牌的运动轨迹相同，完成合成效果，合成前与合成后的效果分别如图7-36和图7-37所示。

图7-36

图7-37

多点跟踪效果的设置与单点跟踪效果的设置大致相同，只是多点跟踪要将"跟踪类型"设置为"透视边角定位"，指定类型以后，"图层"面板中会由原来的1个跟踪点变成4个跟踪点，以便制作多点跟踪效果，如图7-38所示。

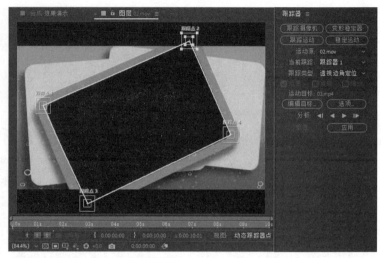

图7-38

# 7.2 表达式

表达式可以创建图层属性或属性关键帧与另一图层属性或另一属性关键帧的联系。当要创建一个复杂的动画，但又不愿意手动创建几十、几百个关键帧时，就可以试着用表达式来完成。在After Effects中想要给一个图层添加表达式，首先需要给该图层增加一个表达式控制效果，如图7-39所示。

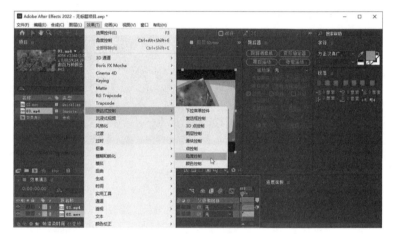

图7-39

## 7.2.1 课堂案例——放大镜效果

案例学习目标 学习使用表达式制作放大镜效果。

案例知识要点 使用"导入"命令导入图片，使用"向后平移（锚点）"工具改变中心点的位置，使用"球面化"命令制作球面效果，使用"添加表达式"命令制作放大效果。放大镜效果如图7-40所示。

效果所在位置 Ch07\放大镜效果\放大镜效果.aep。

图7-40

**01** 按Ctrl+N快捷键，弹出"合成设置"对话框，在"合成名称"文本框中输入"最终效果"，其他选项的设置如图7-41所示，单击"确定"按钮，创建一个新的合成"最终效果"。

**02** 选择"导入 > 文件 > 导入"命令，在弹出的"导入文件"对话框中选择学习资源中的"Ch07 \放大镜效果\ (Footage)\01.jpg、02.png"文件，单击"导入"按钮，导入图片到"项目"面板中。

**03** 在"项目"面板中，选中"01.jpg"和"02.png"文件并将它们拖曳到"时间轴"面板中，图层的排列如图7-42所示。

图7-41　　　　　　　　　　　　　　　图7-42

**04** 选中"02.png"图层，按S键展开"缩放"属性，设置"缩放"为20.0%,20.0%，如图7-43所示。"合成"面板中的效果如图7-44所示。

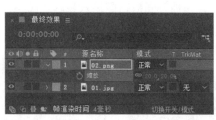

图7-43　　　　　　　　　　　　　　　图7-44

**05** 选中"02.png"图层，选择向后平移（锚点）工具，在"合成"面板中拖曳锚点，调整放大镜的中心点位置，如图7-45所示。

**06** 将时间标签放置在0:00:00:00的位置，按P键展开"位置"属性，设置"位置"为318.5,194.7，单击"位置"选项左侧的"关键帧自动记录器"按钮，如图7-46所示，记录第1个关键帧。

图7-45　　　　　　　　　　　　　　　图7-46

**07** 将时间标签放置在0:00:02:00的位置，设置"位置"为496.8,591.0，如图7-47所示，记录第2个关键帧。将时间标签放置在0:00:04:00的位置，设置"位置"为983.0,232.0，如图7-48所示，记录第3个关键帧。

图7-47

图7-48

**08** 将时间标签放置在0:00:00:00的位置，选中"01.jpg"图层，选择"效果 > 扭曲 > 球面化"命令，在"效果控件"面板中进行参数设置，如图7-49所示。"合成"面板中的效果如图7-50所示。

图7-49

图7-50

**09** 在"时间轴"面板中展开"球面化"属性，选择"球体中心"选项，选择"动画 > 添加表达式"命令，为"球体中心"属性添加一个表达式。在"时间轴"面板右侧输入表达式代码：thisComp.layer("02.png").position，如图7-51所示。放大镜效果制作完成，如图7-52所示。

图7-51

图7-52

## 7.2.2 创建表达式

在"时间轴"面板中选择一个需要添加表达式的属性，选择"动画 > 添加表达式"命令激活该属

性，如图7-53所示。属性被激
活后，可以直接输入表达式覆盖
现有的文字，添加表达式的属性
中会自动增加"开启和关闭"按
钮■、"图表编辑器"按钮■、
"构造表达式的关联器"按钮
■和"表达式语言菜单"按钮■
等，如图7-54所示。

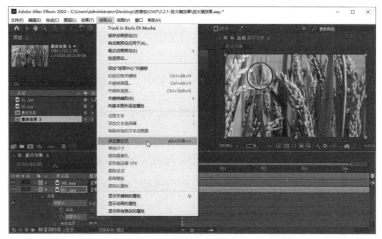

图7-53

图7-54

　　添加、编写表达式的工作都在"时间轴"面板中完成，当添加一个图层属性的表达式到"时间轴"
面板中时，一个默认的表达式会出现在该属性右侧的表达式编辑区中，在这个表达式编辑区中可以输入
新的表达式或修改表达式的值。许多表达式依赖于图层属性名，如果改变了表达式所在图层的属性名或
图层名，那么这个表达式可能会产生一个错误的消息。

## 7.2.3　编写表达式

　　可以在"时间轴"面板中的表达式编辑区中直接编写表达式，也可以通过其他文本工具编写表达
式。如果在其他文本工具中编写表达式，只需简单地将表达式复制到表达式编辑区中即可。在编写表达
式时，需要具备一些JavaScript语法知识和数学基础知识。

　　当编写表达式时，需要注意如下事项：JavaScript语句区分大小写；在一段或一行代码后需要加
"；"，使词间空格被忽略。

　　在After Effects中，可以用表达式访问属性值。访问属性值时，用"."将对象连接起来，连接的对
象在图层水平，例如，连接Effect、masks、文字动画，可以用"()"；连接图层A的Opacity属性到图
层B的"高斯模糊"效果的Blurriness属性，可以在图层A的Opacity属性中输入如下表达式：

　　thisComp.layer("layer B").effect("Gaussian Blur") ("Blurriness")

表达式的默认对象是表达式中对应的属性，接着是图层中内容的表达，因此，没有必要指定属性。例如，在图层的"位置"属性中编写摆动表达式可以用如下两种方法：

wiggle(5,10)

position.wiggle(5,10)

在表达式中可以包括图层及其属性。例如，将B图层的Opacity属性与A图层的Position属性相连的表达式为：

thisComp.layer(layerA).position[0].wiggle(5,10)

当添加一个表达式到属性后，可以连续对属性进行编辑或增加关键帧。编辑或创建的关键帧的值将在表达式以外的地方使用。

编写好表达式后，可以将它存储下来以便将来使用，还可以在记事本中编辑表达式。但是，表达式是针对图层编写的，不允许简单地存储和装载表达式到一个项目。如果要存储表达式以便用于其他项目，需要添加注释或存储整个项目文件。

# 课堂练习——单点跟踪

**练习知识要点** 使用"跟踪器"命令添加跟踪点，使用"空对象"命令新建空图层。单点跟踪效果如图7-55所示。

**效果所在位置** Ch07\单点跟踪\单点跟踪.aep。

图7-55

# 课后习题——四点跟踪

**习题知识要点** 使用"导入"命令导入视频文件，使用"跟踪器"命令添加跟踪点。四点跟踪效果如图7-56所示。

**效果所在位置** Ch07\四点跟踪\四点跟踪.aep。

图7-56

# 第 8 章

## 抠像

### 本章介绍

本章将详细讲解After Effects中的抠像功能，包括颜色差值键、颜色键、颜色范围、差值遮罩、提取、内部/外部键、线性颜色键、亮度键、高级溢出抑制器和外挂抠像等内容。通过对本章内容的学习，读者可以自如地应用抠像功能进行实际创作。

### 学习目标

● 熟练应用常用的抠像效果

● 掌握外挂抠像的应用方法

### 技能目标

● 掌握"促销广告"的制作方法

● 掌握"运动鞋广告"的制作方法

# 8.1 抠像效果

抠像效果通过指定一种颜色，然后将与其相似的像素抠取，使其变透明。此功能比较简单，对于拍摄质量好、背景比较单一的素材有不错的效果，但是不适合处理复杂情况。

## 8.1.1 课堂案例——促销广告

案例学习目标 学习使用抠像效果。

案例知识要点 使用"颜色差值键"命令修复图片效果，使用"缩放"属性和"位置"属性编辑图片的大小及位置。促销广告效果如图8-1所示。

效果所在位置 Ch08\促销广告\促销广告.aep。

图8-1

**01** 按Ctrl+N快捷键，弹出"合成设置"对话框，在"合成名称"文本框中输入"抠像"，其他选项的设置如图8-2所示，单击"确定"按钮，创建一个新的合成"抠像"。选择"文件 > 导入 > 文件"命令，在弹出的"导入文件"对话框中选择学习资源中的"Ch08\促销广告\ (Footage) \ 01.jpg、02.jpg"文件，单击"导入"按钮，导入素材文件到"项目"面板中，如图8-3所示。

图8-2

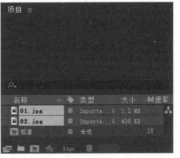

图8-3

**02** 在"项目"面板中，选中"01.jpg"文件并将其拖曳到"时间轴"面板中，按S键展开"缩放"属性，设置"缩放"为25.0%,25.0%，如图8-4所示。"合成"面板中的效果如图8-5所示。

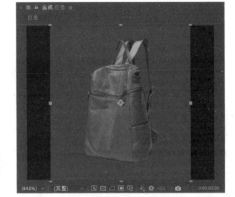

图8-4

图8-5

**03** 选中"01.jpg"图层，选择"效果 > 抠像 > 颜色差值键"命令，在"效果控件"面板中设置参数，如图8-6所示。"合成"面板中的效果如图8-7所示。

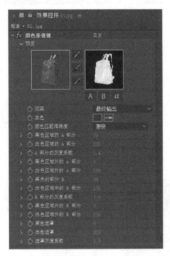

图8-6

图8-7

**04** 按Ctrl+N快捷键，弹出"合成设置"对话框，在"合成名称"文本框中输入"抠像效果"，其他选项的设置如图8-8所示，单击"确定"按钮，创建一个新的合成"抠像效果"。在"项目"面板中，选中"02.jpg"文件并将其拖曳到"时间轴"面板中，如图8-9所示。

图8-8

图8-9

**05** 在"项目"面板中,选中"抠像"合成并将其拖曳到"时间轴"面板中,如图8-10所示。"合成"面板中的效果如图8-11所示。

图8-10

图8-11

**06** 选中"抠像"合成,按P键展开"位置"属性,设置"位置"为863.0,362.0,如图8-12所示。"合成"面板中的效果如图8-13所示。

图8-12

图8-13

**07** 选择"效果 > 透视 > 投影"命令,在"效果控件"面板中进行设置,如图8-14所示。抠像效果制作完成,如图8-15所示。

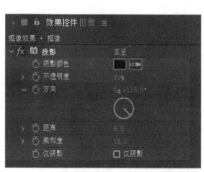

图8-14

图8-15

## 8.1.2　颜色差值键

　　"颜色差值键"效果把图像划分为两个蒙版，局部蒙版B使指定的抠像颜色变透明，局部蒙版A使图像中不包含第2种不同颜色的区域变透明。这两种蒙版效果结合起来得到最终的第3种蒙版效果，即背景变透明。

　　"颜色差值键"效果下方的左侧缩略图表示原始图像，右侧缩略图表示蒙版效果，吸管工具✐用于在原始图像缩略图中拾取抠像颜色，吸管工具✐用于在蒙版缩略图中拾取透明区域的颜色，吸管工具✐用于在蒙版缩略图中拾取不透明区域的颜色，如图8-16所示。

　　视图：指定合成视图中显示的合成效果。

　　主色：通过右侧的工具拾取透明区域的颜色。

　　颜色匹配准确度：用于控制颜色匹配的精确度。若屏幕上不包含主色调，则会得到较好的效果。

　　此外，调整通道中的"黑色遮罩""白色遮罩""遮罩灰度系数"等的参数值，可以修改图像蒙版的不透明度。

图8-16

## 8.1.3　颜色键

　　"颜色键"效果的参数如图8-17所示。

　　主色：通过吸管工具拾取透明区域的颜色。

　　颜色容差：用于调节与抠像颜色相匹配的颜色范围。该参数值越大，抠掉的颜色范围就越大；该参数越小，抠掉的颜色范围就越小。

　　薄化边缘：减少所选区域的边缘的像素值。

　　羽化边缘：设置抠像区域的边缘以产生柔和的羽化效果。

图8-17

## 8.1.4 颜色范围

"颜色范围"效果通过去除Lab、YUV或RGB模式中指定的颜色范围来创建透明效果。用户可以对由多种颜色组成的背景屏幕图像（如光照不均匀并且包含同种颜色阴影的蓝色或绿色屏幕图像）应用该抠像效果，其参数如图8-18所示。

图8-18

模糊：设置选区边缘的模糊量。

色彩空间：设置颜色之间的距离，有Lab、YUV、RGB 这3种选项，每种选项对颜色的不同变化有不同的反映。

最大/最小值：对图层的透明区域进行微调。

## 8.1.5 差值遮罩

"差值遮罩"效果通过对比源图层和对比图层的颜色值，将源图层中与对比图层颜色相同的像素删除，从而创建透明效果。该抠像效果的典型应用就是将一个复杂背景中的移动物体合成到其他场景中，通常情况下对比图层采用源图层的背景图像，其参数如图8-19所示。

图8-19

差值图层：设置哪一个图层将作为对比图层。

如果图层大小不同：设置对比图层与源图层的大小匹配方式，有居中和伸缩以适合两种方式。

差值前模糊：细微模糊两个控制图层中的颜色噪点。

## 8.1.6 提取

"提取"效果通过图像的亮度范围来创建透明效果。图像中所有与指定的亮度范围相近的像素都将被删除，该效果十分适合用来处理具有黑色或白色背景的图像，或者是包含多种颜色的黑暗或明亮的背景图像，还可以用来删除画面中的阴影，其参数如图8-20所示。

图8-20

## 8.1.7 内部/外部键

"内部/外部键"效果通过
图层的蒙版路径来确定要隔离的
物体边缘,从而把前景物体从背
景中隔离出来。利用该抠像效果
可以将具有不规则边缘的物体从
它的背景中分离出来,这里使用
的蒙版路径可以十分粗略,不一
定正好在物体的四周,其参数如
图8-21所示。

图8-21

## 8.1.8 线性颜色键

"线性颜色键"效果既可
以用来进行抠像处理,还可以用
来保护其他不应被删除的颜色区
域,其参数如图8-22所示。如果
在图像中抠出的物体包含被抠像
颜色,当对其进行抠像时,这些
区域可能也会变成透明区域,这
时通过为图像应用该抠像效果,
然后在效果控制面板中设置"主
要操作 > 保持颜色"选项,可以
找回不该被删除的部分。

图8-22

## 8.1.9 亮度键

"亮度键"效果根据图层的亮度对图像进行抠像处理，可以将图像中具有指定亮度的所有像素都删除，从而创建透明效果，而图层质量的设置不会影响抠像效果，其参数如图8-23所示。

图8-23

键控类型：包括抠出较亮区域、抠出较暗区域、抠出亮度相似的区域和抠出亮度不同的区域等抠像类型。

阈值：设置抠像的亮度的极限数值。

容差：指定接近抠像极限数值的像素范围，数值的大小可以直接影响抠像区域。

## 8.1.10 高级溢出抑制器

高级溢出抑制器可以去除键控后图像中残留的键控色的痕迹，并消除图像边缘溢出的键控色，这些溢出的键控色常常是由背景的反射造成的，其参数如图8-24所示。

图8-24

# 8.2 外挂抠像

根据设计任务的需要，可以将外挂抠像插件安装在计算机中。安装好后，即可使用功能强大的外挂抠像插件。例如，Keylight（1.2）插件是为专业的高端电影开发的，用于精细地去除影像中任何一种指定的颜色。

## 8.2.1 课堂案例——运动鞋广告

**案例学习目标** 学习使用外挂抠像命令制作复杂抠像效果。

**案例知识要点** 使用"Keylight"命令修复图片效果，使用"缩放"属性和"不透明度"属性制作运动鞋动画。运动鞋广告效果如图8-25所示。

**效果所在位置** Ch08\运动鞋广告\运动鞋广告.aep。

图8-25

**01** 按Ctrl+N快捷键，弹出"合成设置"对话框，在"合成名称"文本框中输入"最终效果"，其他选项的设置如图8-26所示，单击"确定"按钮，创建一个新的合成"最终效果"。选择"文件 > 导入 > 文件"命令，在弹出的"导入文件"对话框中选择学习资源中的"Ch08\运动鞋广告\（Footage）\01.jpg、02.jpg"文件，单击"导入"按钮，导入素材文件到"项目"面板中，如图8-27所示。

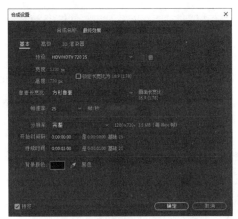

图8-26

图8-27

**02** 在"项目"面板中，选中"01.jpg"和"02.jpg"文件并将它们拖曳到"时间轴"面板中，图层的排列如图8-28所示。"合成"面板中的效果如图8-29所示。

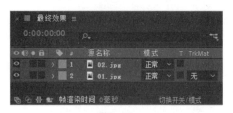

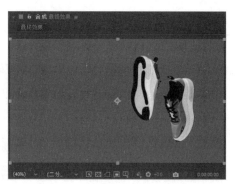

图8-28 图8-29

**03** 选中"02.jpg"图层,选择"效果 > Keylight > Keylight(1.2)"命令,在"效果控件"面板中单击"Screen Colour"选项右侧的吸管工具,如图8-30所示。在"合成"面板中的绿色背景上单击以吸取颜色,效果如图8-31所示。

图8-30 图8-31

**04** 按S键展开"缩放"属性,设置"缩放"为0.0%,0.0%,单击"缩放"选项左侧的"关键帧自动记录器"按钮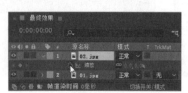,记录第1个关键帧,如图8-32所示。将时间标签放置在0:00:00:10的位置,设置"缩放"为100.0%,100.0%,如图8-33所示,记录第2个关键帧。

图8-32 图8-33

**05** 按T键展开"不透明度"属性,单击"不透明度"选项左侧的"关键帧自动记录器"按钮,记录第1个关键帧,如图8-34所示。将时间标签放置在0:00:00:12的位置,设置"不透明度"为0%,如图8-35所示,记录第2个关键帧。

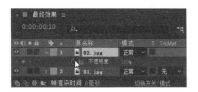

图8-34　　　　　　　　　　　　　图8-35

**06** 将时间标签放置在0:00:00:14的位置，设置"不透明度"为100%，如图8-36所示，记录第3个关键帧。将时间标签放置在0:00:00:16的位置，设置"不透明度"为0%，如图8-37所示，记录第4个关键帧。

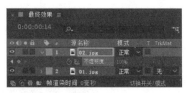

图8-36　　　　　　　　　　　　　图8-37

**07** 将时间标签放置在0:00:00:18的位置，设置"不透明度"为100%，如图8-38所示，记录第5个关键帧。将时间标签放置在0:00:00:20的位置，设置"不透明度"为0%，如图8-39所示，记录第6个关键帧。

图8-38　　　　　　　　　　　　　图8-39

**08** 将时间标签放置在0:00:00:22的位置，设置"不透明度"为100%，如图8-40所示，记录第7个关键帧。运动鞋广告效果制作完成，如图8-41所示。

图8-40　　　　　　　　　　　　　图8-41

## 8.2.2 Keylight（1.2）

"抠像"一词是从早期电视制作中得来的，英文名叫"Keylight"，意思就是吸取画面中的某一种颜色作为透明色，将它从画面中删除，从而使背景变透明，形成两层画面的叠加合成。这样，在室内拍摄的人物经抠像后可以与各景物叠加在一起，形成各种奇特的效果，如图8-42所示。

图8-42

Keylight（1.2）是自After Effects CS4后新增的一个抠像插件，通过设置不同的参数，可以对图像进行精细的抠像处理，其参数如图8-43所示。

View（视图）：设置抠像时显示的视图。

Unpremultiply Result（非预乘结果）：勾选此复选框，表示不显示图像的Alpha 通道，反之则显示图像的Alpha 通道。

Screen Colour（屏幕颜色）：设置要抠除的颜色。也可以单击该选项右侧的吸管工具，直接吸取要抠除的颜色。

Screen Gain（屏幕增益）：设置抠像后Alpha 通道的暗部细节。

图8-43

Screen Balance（屏幕平衡）：设置Alpha 通道的对比度。

Despill Bias（去除溢色偏移）：设置抠除区域的颜色恢复程度。

Alpha Bias（偏移）：设置Alpha 通道偏移。

Lock Biases Together（锁定所有偏移）：勾选此复选框，可以设置抠像时的偏差值。

Screen Pre-blur（屏幕预模糊）：设置抠除部分边缘的模糊效果，比较适合有明显噪点的图像。

Screen Matte（屏幕蒙版）：用于进一步调整抠像效果。

Inside Mask（内部蒙版）：抠像时为图像添加内侧蒙版属性。

Outside Mask（外部蒙版）：抠像时为图像添加外侧蒙版属性。

Foreground Colour Correction（前景颜色校正）：设置蒙版图像的色彩属性。

Edge Colour Correction（边缘颜色校正）：设置抠除区域的边缘属性。

Source Crops（源裁剪）：设置裁剪图像的属性。

## 课堂练习——数码家电广告

练习知识要点 使用"颜色差值键"命令修复图片效果，使用"位置"属性设置图片的位置，使用"不透明度"属性制作图片动画效果。数码家电广告效果如图8-44所示。

效果所在位置 Ch08\数码家电广告\数码家电广告.aep。

图8-44

## 课后习题——动物园广告

习题知识要点 使用"位置"属性制作位移动画效果，使用"Keylight"命令修复图片效果。动物园广告效果如图8-45所示。

效果所在位置 Ch08\动物园广告\动物园广告.aep。

图8-45

# 第 9 章

## 添加声音效果

### 本章介绍

本章对声音的导入和与声音相关的面板进行详细讲解，其中包括声音的导入与监听、声音长度的缩放、声音的淡入淡出、倒放、低音和高音、延迟、变调与合声等内容。读者通过对本章内容的学习，可以完全掌握After Effects中声音效果的制作方法。

### 学习目标

● 掌握将声音导入影片的方法
● 熟悉声音效果面板

### 技能目标

● 掌握"为旅行影片添加背景音乐"的方法
● 掌握"为城市短片添加背景音乐"的方法

# 9.1 将声音导入影片

　　声音是影片的引导者，没有声音的影片无论多么精彩，都难以使观众陶醉。下面介绍把声音导入影片及动态音量的设置方法。

## 9.1.1 课堂案例——为旅行影片添加背景音乐

案例学习目标 学习为旅行影片添加背景音乐的方法。

案例知识要点 使用"导入"命令导入声音、视频文件，使用"音频电平"选项制作背景音乐效果。该案例的画面效果如图9-1所示。

效果所在位置 Ch09\为旅行影片添加背景音乐\为旅行影片添加背景音乐.aep。

图9-1

**01** 按Ctrl+N快捷键，弹出"合成设置"对话框，在"合成名称"文本框中输入"最终效果"，其他选项的设置如图9-2所示，单击"确定"按钮，创建一个新的合成"最终效果"。选择"文件 > 导入 > 文件"命令，弹出"导入文件"对话框，选择学习资源中的"Ch09\为旅行影片添加背景音乐\(Footage)\01.mp4、02.wma文件"，如图9-3所示，单击"导入"按钮，导入文件。

图9-2

图9-3

**02** 在"项目"面板中选中"01.mp4"和"02.wma"文件，并将它们拖曳到"时间轴"面板中。选中"01.mp4"图层，按S键展开"缩放"属性，设置"缩放"为67.0%,67.0%，如图9-4所示。"合成"面板中的效果如图9-5所示。

图9-4

图9-5

**03** 将时间标签放置在0:00:07:00的位置，选中"02.wma"图层，展开"音频"属性，单击"音频电平"选项左侧的"关键帧自动记录器"按钮◙，记录第1个关键帧，如图9-6所示。

**04** 将时间标签放置在0:00:08:16的位置，在"时间轴"面板中设置"音频电平"为-30.00dB，如图9-7所示，记录第2个关键帧。旅行影片背景音乐添加完成。

图9-6                               图9-7

## 9.1.2 声音的导入与监听

启动After Effects，选择"文件 > 导入 > 文件"命令，在弹出的"导入文件"对话框中选择学习资源中的"基础素材\Ch09\01.mov"文件，单击"打开"按钮导入文件。在"项目"面板中选中该素材，可以观察到预览区域下方出现了声波图形，如图9-8所示。这说明该视频素材携带了声音信息。从"项目"面板中将"01.mov"文件拖曳到"时间轴"面板中。

选择"窗口 > 预览"命令，或按Ctrl+3快捷键，在弹出的"预览"面板中确定◙图标为启用状态，如图9-9所示。在"时间轴"面板中同样确定◙图标为启用状态，如图9-10所示。

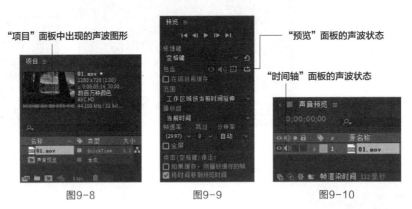

图9-8                  图9-9                  图9-10

按0键可监听影片的声音，按住Ctrl键的同时拖曳时间标签，可以实时地听到当前时间标签位置的音频。

选择"窗口 > 音频"命令，或按Ctrl+4快捷键，弹出"音频"面板，在该面板中拖曳滑块可以调整声音素材的总音量，也可以分别调整左/右声道的音量，如图9-11所示。

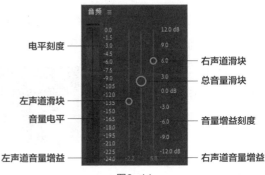

图9-11

在"时间轴"面板中展开"波形"选项，可以在其中显示声音的波形，调整"音频电平"右侧的参数可以调整音量的大小，如图9-12所示。

图9-12

## 9.1.3 声音长度的缩放

在"时间轴"面板底部单击███按钮，将控制区域完全显示出来。"持续时间"可以设置声音的播放时长，"伸缩"可以设置播放时长与原始素材时长的百分比，如图9-13所示。例如，将"伸缩"参数设置为200.0%后，声音的实际播放时长是原始素材时长的2倍。但通过这两个参数缩短或延长声音的播放长度后，声音的音调也会升高或降低。

图9-13

## 9.1.4 声音的淡入/淡出

将时间标签拖曳到起始帧的位置，在"音频电平"选项的左侧单击"关键帧自动记录器"按钮█，添加1个关键帧，并设置"音频电平"为-100.00dB；拖曳时间标签到0:00:00:20的位置，设置"音频电平"为0.00dB，可以看到"时间轴"面板上增加了两个关键帧，如图9-14所示。此时按住Ctrl键不放并拖曳时间标签，可以听到声音由小变大的淡入效果。

图9-14

拖曳时间标签到0:00:04:10的位置，单击"音频电平"选项左侧的"在当前时间添加或移除关键帧"按钮■，在当前时间位置添加一个关键帧。拖曳时间标签到结束帧，设置"音频电平"为-100.00dB。"时间轴"面板的状态如图9-15所示。按住Ctrl键不放并拖曳时间标签，可以听到声音由大变小的淡出效果。

图9-15

# 9.2 声音效果面板

为声音添加效果就像为视频添加效果一样，只要在声音效果面板中进行相应的设置即可。

## 9.2.1 课堂案例——为城市短片添加背景音乐

案例学习目标 学习使用声音特效。

案例知识要点 使用"导入"命令导入视频和音乐文件，使用"低音和高音"命令和"变调与和声"命令编辑音乐。该案例的画面效果如图9-16所示。

效果所在位置 Ch09\为城市短片添加背景音乐\为城市短片添加背景音乐.aep。

图9-16

**01** 按Ctrl+N快捷键，弹出"合成设置"对话框，在"合成名称"文本框中输入"最终效果"，其他选项的设置如图9-17所示，单击"确定"按钮，创建一个新的合成"最终效果"。

图9-17

**02** 选择"文件 > 导入 > 文件"命令，在弹出的"导入文件"对话框中选择学习资源中的"Ch09\为城市短片添加背景音乐\ (Footage)\ 01.mp4、02.mp3"文件，单击"导入"按钮，导入文件到"项目"面板中，如图9-18所示。

**03** 在"项目"面板中选中"01.mp4"文件，并将其拖曳到"时间轴"面板中，按S键展开"缩放"属性，设置"缩放"为67.0%,67.0%，如图9-19所示。"合成"面板中的效果如图9-20所示。

图9-18　　　　　　　　　　　图9-19　　　　　　　　　　　图9-20

**04** 在"项目"面板中选中"02.mp3"文件，并将其拖曳到"时间轴"面板中，如图9-21所示。选择"效果 > 音频 > 低音和高音"命令，在"效果控件"面板中进行参数设置，如图9-22所示。

**05** 选择"效果 > 音频 > 变调与合声"命令，在"效果控件"面板中进行参数设置，如图9-23所示。为城市短片添加背景音乐效果制作完成。

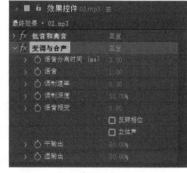

图9-21　　　　　　　　　　　图9-22　　　　　　　　　　　图9-23

## 9.2.2 倒放

选择"效果 > 音频 > 倒放"命令，即可将该效果添加到"效果控件"面板中，如图9-24所示。这个效果可以倒放音频素材，即从最后一帧向第一帧播放。勾选"互换声道"复选框可以交换左、右声道中的音频。

图9-24

### 9.2.3 低音和高音

选择"效果 > 音频 > 低音和高音"命令，即可将该效果添加到"效果控件"面板中，如图9-25所示。拖曳"低音"或"高音"滑块可以增大或减小音频中低音和高音的音量。

图9-25

### 9.2.4 延迟

选择"效果 > 音频 > 延迟"命令，即可将该效果添加到"效果控件"面板中，如图9-26所示。它可将声音素材进行多层延迟来模仿回声效果，如制造墙壁的回声或空旷的山谷中的回声等。"延迟时间（毫秒）"参数用于设定原始声音和其回声之间的时间间隔，单位为毫秒；"延迟量"参数用于设置延迟音频的音量；"反馈"参数用于设置由回声产生的后续回声的音量；"干输出"参数用于设置声音素材的电平；"湿输出"参数用于设置最终输出的声波的电平。

图9-26

### 9.2.5 变调与合声

选择"效果 > 音频 > 变调与合声"命令，即可将该效果添加到"效果控件"面板中，如图9-27所示。"变调与合声"效果的工作原理是将声音素材复制并稍作延迟后与原声音混合，这样会使某些频率的声波产生叠加或相减，这在声学中被称作"梳状滤波"，它会产生一种"干瘪"的声音效果。该效果经常应用到电吉他独奏中。当混入多个延迟的声音后，会产生乐器的"合声"效果。

在该效果的设置面板中，"语音分离时间（ms）"参数用于设置延迟的声音的数量，增大此值将使卷边效果减弱并使合唱效果增强。"语音"用于设置声音的混合深度。"调制速率"参数用于设置声音相位的变化程度。"干输出/湿输出"用于设置未处理的音频与处理后的音频的混合程度。

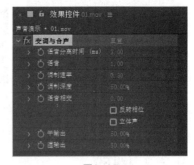

图9-27

## 9.2.6 高通/低通

选择"效果 > 音频 > 高通/低通"命令，即可将该效果添加到"效果控件"面板中，如图9-28所示。该声音效果只允许设定的频率通过，通常用于滤去低频率或高频率的噪声（如电流声、嘶嘶声等）。在"滤镜选项"下拉列表中可以选择"高通"或"低通"选项。"屏蔽频率"参数用于设置滤波器的分界频率，当选择"高通"选项时，低于该频率的声音将被滤除；当选择"低通"选项时，高于该频率的声音将被滤除。"干输出"用于调整在最终渲染时未处理的音频的混合量。"湿输出"参数用于设置最终输出的声波的电平。

图9-28

## 9.2.7 调制器

选择"效果 > 音频 > 调制器"命令，即可将该效果添加到"效果控件"面板中，如图9-29所示。该声音效果可以为声音素材加入颤音效果。"调制类型"用于设定颤音的波形，"调制速率"参数以Hz为单位，用于设定颤音调制的频率。"调制深度"参数以调制频率的百分比为单位，用于设定颤音频率的变化范围。"振幅变调"用于设定颤音的强弱。

图9-29

## 课堂练习——为海鸥添加背景音乐

练习知识要点 使用"导入"命令导入声音、视频文件，使用"音频电平"选项制作背景音乐效果。该案例的画面效果如图9-30所示。

效果所在位置 Ch09\为海鸥添加背景音乐\为海鸥添加背景音乐.aep。

图9-30

## 课后习题——为影片添加声音特效

习题知识要点 使用"导入"命令导入声音、视频文件，使用"音频电平"选项制作背景音乐效果。该案例的画面效果如图9-31所示。

效果所在位置 Ch09\为影片添加声音特效\为影片添加声音特效.aep。

图9-31

# 第 10 章

## 制作三维合成特效

**本章介绍**

After Effects 2022不仅可以在二维空间中创建合成效果，随着新版本的推出，在三维空间中的合成与动画功能也越来越强大。After Effects 2022在具有深度的三维空间中可以丰富图层的运动样式，创建更逼真的灯光、阴影、材质效果和摄像机运动效果。通过对本章内容的学习，读者可以掌握制作三维合成特效的方法和技巧。

**学习目标**

● 掌握三维合成的相关知识

● 熟练应用灯光和摄像机

**技能目标**

● 掌握"特卖广告"的制作方法

● 掌握"文字效果"的制作方法

# 10.1　三维合成

在After Effects 2022中，将图层指定为三维图层时，会添加一个z轴来控制该图层的深度。当增加z轴的值时，该图层在空间中会移动到更远处；当z轴的值减小时，则会移动到更近处。

## 10.1.1　课堂案例——特卖广告

案例学习目标　学习使用三维合成制作三维空间效果。

案例知识要点　使用"导入"命令导入图片，使用3D图层制作三维效果，使用"位置"属性制作人物出场动画，使用"Y轴旋转"属性和"缩放"属性制作标牌出场动画。特卖广告效果如图10-1所示。

图10-1

效果所在位置　Ch10\特卖广告\特卖广告.aep。

**01** 按Ctrl+N快捷键，弹出"合成设置"对话框，在"合成名称"文本框中输入"最终效果"，其他选项的设置如图10-2所示，单击"确定"按钮，创建一个新的合成"最终效果"。

**02** 选择"图层 > 新建 > 纯色"命令，弹出"纯色设置"对话框，在"名称"文本框中输入"底图"，设置"颜色"为淡黄色（R、G、B的值分别为255、237、46），其他选项的设置如图10-3所示，单击"确定"按钮，创建一个新的纯色图层"底图"。

图10-2

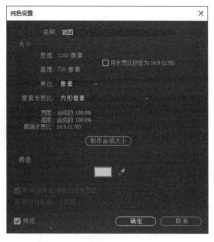

图10-3

**03** 选择"文件 > 导入 > 文件"命令，弹出"导入文件"对话框，选择学习资源中的"Ch10 \特卖广告\（Footage）\01.png、02.png"文件，单击"导入"按钮，将文件导入"项目"面板。

**04** 在"项目"面板中选中"01.png"文件，并将其拖曳到"时间轴"面板中，如图10-4所示。按P键展开"位置"属性，设置"位置"为-289.0,458.5，如图10-5所示。

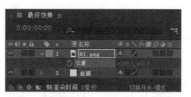

图10-4　　　　　　　　　　　　　　　　图10-5

**05** 保持时间标签在0:00:00:00的位置，单击"位置"选项左侧的"关键帧自动记录器"按钮，如图10-6所示，记录第1个关键帧。将时间标签放置在0:00:01:00的位置，设置"位置"为285.0,458.5，如图10-7所示，记录第2个关键帧。

图10-6　　　　　　　　　　　　　　　　图10-7

**06** 在"项目"面板中选中"02.png"文件，并将其拖曳到"时间轴"面板中，按P键展开"位置"属性，设置"位置"为957.0,363.0，如图10-8所示。"合成"面板中的效果如图10-9所示。

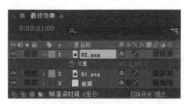

图10-8　　　　　　　　　　　　　　　　图10-9

**07** 单击"02.png"图层右侧的"3D图层"按钮，打开其三维属性，如图10-10所示。保持时间标签在0:00:01:00的位置，单击"Y轴旋转"选项左侧的"关键帧自动记录器"按钮，记录第1个关键帧。将时间标签放置在0:00:02:00的位置，设置"Y轴旋转"为2x+0.0°，如图10-11所示，记录第2个关键帧。

图10-10

图10-11

**08** 将时间标签放置在0:00:00:00的位置，选中"02.png"图层，按S键展开"缩放"属性，设置"缩放"为0.0%,0.0%,0.0%，单击"缩放"选项左侧的"关键帧自动记录器"按钮，如图10-12所示，记录第1个关键帧。将时间标签放置在0:00:01:00的位置，设置"缩放"为100.0%,100.0%,100.0%，如图10-13所示，记录第2个关键帧。

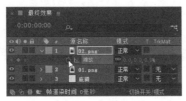
图10-12

图10-13

**09** 将时间标签放置在0:00:02:00的位置，在"时间轴"面板中，单击"缩放"选项左侧的"在当前时间添加或移除关键帧"按钮，如图10-14所示，记录第3个关键帧。将时间标签放置在0:00:04:24的位置，设置"缩放"为110.0%,110.0%,110.0%，如图10-15所示，记录第4个关键帧。特卖广告效果制作完成，效果如图10-16所示。

图10-14

图10-15

图10-16

## 10.1.2 转换成三维图层

除了声音图层外，所有图层都可以实现三维图层的功能。将一个普通的二维图层转换为三维图层也非常简单，只需在图层属性开关面板中单击"3D图层"按钮 即可，展开图层属性就会发现"锚点"属性、"位置"属性、"缩放"属性、"方向"属性、旋转属性都出现了z轴的参数信息，另外，还添加了一个"材质选项"属性，如图10-17所示。

设置"Y轴旋转"为0x+45.0°。"合成"面板中的效果如图10-18所示。

图10-17

图10-18

如果要将三维图层重新变回二维图层，只需在图层属性开关面板中再次单击"3D图层"按钮 ，关闭三维属性即可，三维图层中的z轴信息和"材质选项"信息将丢失。

> **提示** 虽然很多效果都可以模拟三维空间效果（如"效果 > 扭曲 > 凸出"效果等），不过这些效果仍是二维效果，也就是说，即使这些效果当前作用于三维图层，它们仍然只是模拟三维效果而不会对三维图层的轴产生任何影响。

## 10.1.3 变换三维图层的"位置"属性

对三维图层来说，"位置"属性由x、y、z这3个维度的参数控制，如图10-19所示。

图10-19

**01** 打开After Effects，选择"文件 > 打开项目"命令，选择学习资源中的"基础素材\Ch10\三维图层.aep"文件，单击"打开"按钮打开此文件。

**02** 在"时间轴"面板中选择某个三维图层，或者摄像机图层，或者灯光图层，被选择图层的坐标轴将会显示出来，其中红色坐标轴代表x轴向，绿色坐标轴代表y轴向，蓝色坐标轴代表z轴向。

**03** 在"工具"面板中选择选取工具▶，在"合成"面板中将鼠标指针停留在各个轴向上，观察鼠标指针的变化，当鼠标指针变成▶x形状时，代表移动锁定在x轴向上；当鼠标指针变成▶y形状时，代表移动锁定在y轴向上；当鼠标指针变成▶z形状时，代表移动锁定在z轴向上。

> **提示** 鼠标指针如果没有呈现任何坐标轴信息，表示可以在空间中全方位地移动三维对象。

## 10.1.4 变换三维图层的"旋转"属性

### 1. 使用"方向"属性旋转

**01** 选择"文件 > 打开项目"命令，选择学习资源中的"Ch10\基础素材\三维图层.aep"文件，单击"打开"按钮打开此文件。

**02** 在"时间轴"面板中选择某个三维图层，或者摄像机图层，或者灯光图层。

**03** 在"工具"面板中选择旋转工具▣，在坐标系选项右侧的下拉列表中选择"方向"选项，如图10-20所示。

图10-20

**04** 在"合成"面板中将鼠标指针放置在某个坐标轴上，当鼠标指针上出现"X"时，可绕x轴向旋转；当鼠标指针上出现"Y"时，可绕y轴向旋转；当鼠标指针上出现"Z"时，可绕z轴向旋转；在没有出现任何信息时，可以全方位旋转三维对象。

**05** 在"时间轴"面板中展开当前三维图层的"变换"属性，观察3组"旋转"属性值的变化，如图10-21所示。

图10-21

**2. 使用"旋转"属性旋转**

**01** 仍使用上面的素材，选择"编辑 > 撤销"命令，还原到项目文件的上次存储状态。

**02** 在"工具"面板中选择旋转工具，在坐标系选项右侧的下拉列表中选择"旋转"选项，如图10-22所示。

图10-22

**03** 在"合成"面板中将鼠标指针放置在某坐标轴上，当鼠标指针上出现"X"时，可绕x轴向旋转；当鼠标指针上出现"Y"时，可绕y轴向旋转；当鼠标指针上出现"Z"时，可绕z轴向旋转；在没有出现任何信息时，可以全方位旋转三维对象。

**04** 在"时间轴"面板中展开当前三维图层的"变换"属性，观察3组"旋转"属性值的变化，如图10-23所示。

图10-23

# 10.1.5 三维视图

虽然三维空间感是大多数人都具备的本能感应，但是在视频的制作过程中，往往会由于各种原因（如场景过于复杂等）而产生视觉错觉，仅通过对透视视图的观察无法正确判断当前三维对象的具体空间状态，因此往往需要借助更多的视图作为参照，如正面、左侧、顶部、活动摄像机等，从而得到准确的空间位置信息，不同视图的效果如图10-24、图10-25、图10-26和图10-27所示。

图10-24

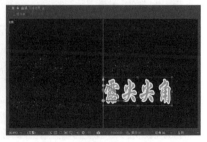

图10-25

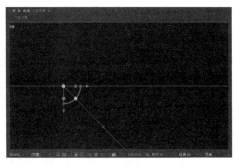

图10-26　　　　　　　　　　　　　　　　　图10-27

在"合成"面板中，可以通过视图下拉列表 活动摄像机 ∨ 在各个视图间进行切换，这些视图大致分为3类：正交视图、摄像机视图和自定义视图。

## 1. 正交视图

正交视图包括正面、左侧、顶部、背面、右侧和底部等，是以垂直正交的方式观看空间中的6个面的。在正交视图中，长度尺寸和距离以原始数据的方式呈现，从而忽略透视所导致的大小变化，也就意味着在正交视图中观看立体物体时，会没有透视感，如图10-28所示。

## 2. 摄像机视图

摄像机视图是从摄像机的角度，通过镜头去观看空间的。与正交视图不同的是，这里描绘出的空间是带有透视变化的视觉空间，非常真实地再现了近大远小、近长远短的透视关系；通过对镜头的特殊属性设置，还能进行进一步的夸张设置等，如图10-29所示。

图10-28　　　　　　　　　　　　　　　　　图10-29

## 3. 自定义视图

自定义视图从几个默认的角度观看当前空间，使用"工具"面板中的摄像机视图工具可调整其观看角度。与摄像机视图一样，自定义视图同样遵循透视的规律来呈现当前空间，不过自定义视图并不要求合成项目中必须有摄像机，当然它也不具备景深、广角、长焦之类的观看效果，可以将其理解为3个可自定义的标准透视视图。

视图下拉列表中的具体选项如图10-30所示。

● 活动摄像机（默认）：当前激活的摄像机视图，也就是当前时间位置被打开的摄像机图层的视图。

- 正面：正视图，从正前方观看合成空间，不带透视效果。
- 左侧：左视图，从正左方观看合成空间，不带透视效果。
- 顶部：顶视图，从正上方观看合成空间，不带透视效果。
- 背面：背视图，从后方观看合成空间，不带透视效果。
- 右侧：右视图，从正右方观看合成空间，不带透视效果。
- 底部：底视图，从正底部观看合成空间，不带透视效果。
- 自定义视图1~3：3个自定义视图，从3个默认的角度观看合成空间，有透视

效果，可以通过"工具"面板中的摄像机位置工具移动其视角。

图10-30

## 10.1.6 以多视图方式观看三维空间

在进行三维创作时，虽然可以通过视图下拉列表方便地切换各个视角，但是仍不利于对各个视角进行参照对比，而且来回频繁地切换视图也会导致创作效率低下。不过，After Effects提供了多种视图方式，可以同时多角度地观看三维空间，通过"合成"面板中的"选择视图布局"下拉列表进行选择。

- 1个视图：仅显示一个视图，如图10-31所示。
- 2个视图：同时显示两个视图，且两个视图左右排列，如图10-32所示。

图10-31

图10-32

- 4个视图：同时显示4个视图，如图10-33所示。

图10-33

其中每个分视图都可以在被激活后更改具体的观测角度，或者进行视图显示设置等。

另外，选中"共享视图选项"选项，可以让多视图共享同样的视图设置，如"安全框显示"选项、"网格显示"选项、"通道显示"选项等的设置。

> **提示**　上下滚动鼠标滚轮，可以在不激活视图的情况下，对鼠标指针位置下的视图进行缩放操作。

## 10.1.7　坐标体系

在控制三维对象的时候，都会依据某种坐标体系进行轴向定位，After Effects里提供了3种轴向坐标系：本地坐标系、世界坐标系和视图坐标系。坐标系的切换是通过"工具"面板里的、和实现的。

### 1．本地坐标系

此坐标系采用被选择物体本身的坐标轴向作为变换的依据，这在物体的方位与世界坐标不同时很有帮助，如图10-34所示。

### 2．世界坐标系

世界坐标系使用合成空间中的绝对坐标系作为定位，坐标系的轴向不会随着物体的旋转而改变，属于一种绝对值。无论在哪一个视图，$x$轴向始终往水平方向延伸，$y$轴向始终往垂直方向延伸，$z$轴向始终往纵深方向延伸，如图10-35所示。

### 3．视图坐标系

视图坐标系与当前所处的视图有关，也可以称为屏幕坐标系。对于正交视图和自定义视图，$x$轴向和$y$轴向仍然始终平行于视图，$z$轴向则始终垂直于视图；对于摄像机视图，$x$轴向和$y$轴向仍然始终平行于视图，但$z$轴向有一定的变动，如图10-36所示。

图10-34　　　　　　　　　　　图10-35　　　　　　　　　　　图10-36

## 10.1.8　三维图层的材质属性

当普通的二维图层转换为三维图层时，还增加了一个全新的属性"材质选项"，可以通过此属性的各项设置，决定三维图层如何响应光照系统，如图10-37所示。

图10-37

选中某个三维素材图层，连续按两次A键展开"材质选项"属性。

投影：决定是否投射阴影，其中包括"开""关""仅"3种模式，效果分别如图10-38、图10-39和图10-40所示。

图10-38

图10-39

图10-40

透光率：调整透光程度，可以体现半透明物体在灯光下的照射效果，效果主要体现在阴影上，如图10-41和图10-42所示。

"透光率"值为0%
图10-41

"透光率"值为70%
图10-42

接受阴影：是否接受阴影，此属性不能制作关键帧动画。

接受灯光：是否接受光照，此属性不能制作关键帧动画。

环境：三维图层受"环境"类型灯光影响的程度。灯光类型如图10-43所示。

漫射：三维图层漫反射的程度。如果设置为100%，将反射大量的光；如果设置为0%，则不反射大量的光。

镜面强度：三维图层镜面反射的程度。

镜面反光度：设置镜面反射的区域，值越小，镜面反射的区域就越小。在"镜面强度"值为0%的情况下，此设置将不起作用。

金属质感：调节镜面反射的光的颜色。值越接近100%，就越接近图层的颜色；值越接近0%，就越接近灯光的颜色。

图10-43

# 10.2 应用灯光和摄像机

After Effects中三维图层具有材质属性，但想要得到满意的合成效果，还必须在场景中创建和设置灯光，对象的投影、反射等特性都是在一定的灯光作用下才发挥作用的。

在三维空间的合成中，除了灯光和图层材质带来的多种多样的效果外，摄像机也是相当重要的，因为不同的视角所得到的光影效果是不同的，而且摄像机功能在动画的控制方面提供了一定的灵活性和多样性，丰富了合成图像的视觉效果。

## 10.2.1 课堂案例——文字效果

**案例学习目标** 学习使用摄像机制作星光碎片。

**案例知识要点** 使用直排文字工具和横排文字工具输入文字，使用"缩放"属性调整视频的大小，使用"色相/饱和度"命令和"曲线"命令调整视频的色调和亮度，使用"摄像机"命令添加摄像机图层并制作关键帧动画。文字效果如图10-44所示。

**效果所在位置** Ch10\文字效果\文字效果.aep。

图10-44

**01** 按Ctrl+N快捷键，弹出"合成设置"对话框，在"合成名称"文本框中输入"最终效果"，其他选项的设置如图10-45所示，单击"确定"按钮，创建一个新的合成"最终效果"。

**02** 选择"文件 > 导入 > 文件"命令，弹出"导入文件"对话框，选择学习资源中的"Ch10 \文字效果\
（Footage）\01.jpg、02.mp4"文件，单击"导入"按钮，将文件导入"项目"面板。在"项目"面
板中选中"02.mp4"文件，并将其拖曳到"时间轴"面板中，如图10-46所示。

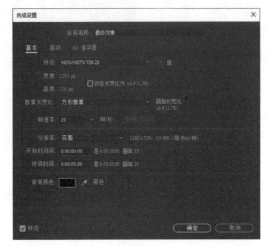

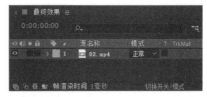

图10-45                                       图10-46

**03** 选中"02.mp4"图层，按S键展开"缩放"属性，设置"缩放"为67.0%,67.0%，如图10-47所
示。"合成"面板中的效果如图10-48所示。

图10-47                                       图10-48

**04** 选择"效果 > 颜色校正 > 色相/饱和度"命令，在"效果控件"面板中进行设置，如图10-49所示。
"合成"面板中的效果如图10-50所示。

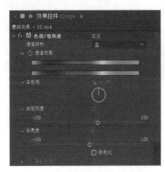

图10-49                                       图10-50

**05** 选择"效果 > 颜色校正 > 曲线"命令，在"效果控件"面板中进行设置，如图10-51所示。"合成"面板中的效果如图10-52所示。

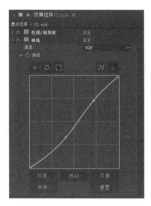

图10-51　　　　　　　　　　　　　　　图10-52

**06** 选择直排文字工具 **T**，在"合成"面板中输入文字"峰 旅"。选中文字，在"字符"面板中设置文字参数，如图10-53所示。"合成"面板中的效果如图10-54所示。

图10-53　　　　　　　　　　　　图10-54

**07** 单击"峰 旅"图层右侧的"3D图层"按钮 ▣，打开其三维属性，如图10-55所示。"合成"面板中的效果如图10-56所示。

图10-55　　　　　　　　　　　　　　　图10-56

**08** 选择"图层 > 新建 > 空对象"命令，在"时间轴"面板中创建一个"空 1"图层，如图10-57所示。单击"空 1"图层右侧的"3D图层"按钮■，打开其三维属性，如图10-58所示。

图10-57　　　　　　　　　　　图10-58

**09** 保持时间标签在0:00:00:00的位置，分别单击"锚点"选项和"Y轴旋转"选项左侧的"关键帧自动记录器"按钮■，如图10-59所示，记录第1个关键帧。将时间标签放置在0:00:01:00的位置，设置"锚点"为0.0,-13.0,168.0，"Y轴旋转"为0x-6.0°，如图10-60所示，记录第2个关键帧。

图10-59　　　　　　　　　　　图10-60

**10** 将时间标签放置在0:00:00:00的位置，选择"图层 > 新建 > 摄像机"命令，弹出"摄像机设置"对话框，在"名称"文本框中输入"摄像机1"，其他选项的设置如图10-61所示，单击"确定"按钮，在"时间轴"面板中新增一个摄像机图层，如图10-62所示。

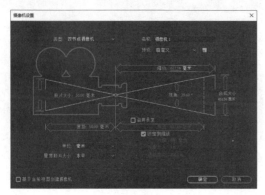

图10-61　　　　　　　　　　　图10-62

**11** 设置"摄像机 1"图层的"父级和链接"为"2.空 1",如图10-63所示。展开"摄像机 1"图层的"变换"属性,如图10-64所示。

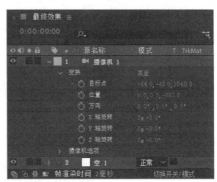

图10-63　　　　　　　　　　　　　　　　　　图10-64

**12** 分别单击"目标点"选项和"位置"选项左侧的"关键帧自动记录器"按钮,如图10-65所示,记录第1个关键帧。将时间标签放置在0:00:01:00的位置,设置"目标点"为41.0,-17.0,1970.0,"位置"为0.0,0.0,-1468.8,如图10-66所示,记录第2个关键帧。

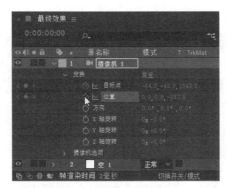

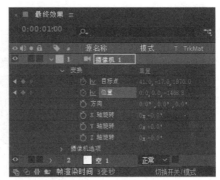

图10-65　　　　　　　　　　　　　　　　　　图10-66

**13** 在"项目"面板中选中"01.jpg"文件,并将其拖曳到"时间轴"面板中。按P键展开"位置"属性,设置"位置"为744.1,523.4,如图10-67所示。"合成"面板中的效果如图10-68所示。

图10-67　　　　　　　　　　　　　　　　　　图10-68

**14** 保持时间标签在0:00:01:00的位置,按Alt+[快捷键设置动画的入点,如图10-69所示。

图10-69

**15** 按S键展开"缩放"属性,设置"缩放"为0.0%,0.0%,单击"缩放"选项左侧的"关键帧自动记录

器"按钮❻,如图10-70所示,
记录第1个关键帧。将时间标签
放置在0:00:01:06的位置,设置
"缩放"为100.0%,100.0%,
如图10-71所示,记录第2个关
键帧。

图10-70

图10-71

**16** 选择横排文字工具❶,在
"合成"面板中输入文字"丹霞
奇险灵秀美如画"。选中文字,
在"字符"面板中设置文字参
数,如图10-72所示。"合成"
面板中的效果如图10-73所示。

图10-72

图10-73

**17** 选中第1个图层,按P键展开"位置"属性,设置"位置"为176.4,357.2,如图10-74所示。"合
成"面板中的效果如图10-75所示。

图10-74

图10-75

**18** 保持时间标签在0:00:01:06的位置，按Alt+ [快捷键设置动画的入点，如图10-76所示。文字效果制作完成。

图10-76

## 10.2.2　创建和设置摄像机

创建摄像机的方法很简单，选择"图层 > 新建 > 摄像机"命令，或按Ctrl+Shift+Alt+C快捷键，在弹出的对话框中进行设置，如图10-77所示，单击"确定"按钮完成设置。

名称：用于设定摄像机的名称。

预设：摄像机预设，其中包含9种常用的摄像机镜头，有标准的"35毫米"镜头、"15毫米"广角镜头、"200毫米"长焦镜头以及自定义镜头等。

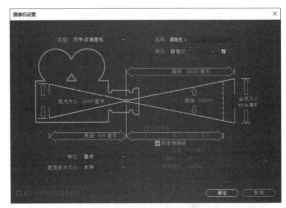

图10-77

单位：确定在"摄像机设置"对话框中使用的参数单位，包括像素、英寸和毫米3个选项。

量度胶片大小：可以改变"胶片尺寸"的基准方向，包括水平、垂直和对角3个选项。

缩放：设置摄像机到图像的距离。"缩放"值越大，通过摄像机显示的图层就会越大，视野也就相应地减小。

视角：用于设置视角。角度越大，视野越宽，相当于广角镜头；角度越小，视野越窄，相当于长焦镜头。此参数和"焦长""胶片尺寸""变焦"3个参数互相影响。

焦距：焦距设置，是指胶片和镜头之间的距离。焦距短，就是广角效果；焦距长，就是长焦效果。

启用景深：控制是否打开景深功能，常配合"焦距""光圈""光圈大小"和"模糊层次"等参数使用。

焦距：焦点距离，即从摄像机开始到图像最清晰位置的距离。

光圈：设置光圈大小。不过在After Effects里，光圈大小与曝光没有关系，仅影响景深的大小。该值越大，前后的图像清晰的范围就会越小。

光圈大小：用于调节快门速度，此参数与"光圈"是相互影响的，同样影响景深的模糊程度。

模糊层次：控制景深的模糊程度，值越大越模糊，值为0%时不进行模糊处理。

## 10.2.3 摄像机和灯光的入点/出点

在"时间轴"面板的默认状态下，新建立的摄像机及灯光的入点和出点就是合成项目的入点和出点，即作用于整个合成项目中。为了设置多个摄像机或者多个灯光在不同时间段起作用，可以修改摄像机或者灯光的入点和出点，改变其持续时间，从而方便地实现多个摄像机或者多个灯光在不同时间段的切换，如图10-78所示。

图10-78

# 课堂练习——旋转文字

练习知识要点 使用"导入"命令导入图片，使用3维图层制作三维效果，使用"Y轴旋转"属性和"缩放"属性制作文字动画。旋转文字效果如图10-79所示。

效果所在位置 Ch10\旋转文字\旋转文字.aep。

图10-79

# 课后习题——摄像机动画

习题知识要点 使用"缩放"属性制作缩放动画，使用"空对象"命令创建空白图层，使用"锚点"属性和"Y轴旋转"属性制作动画效果，使用"摄像机"命令添加摄像机。摄像机动画效果如图10-80所示。

效果所在位置 Ch10\摄像机动画\摄像机动画.aep。

图10-80

# 第 11 章

## 渲染与输出

**本章介绍**

影片制作完成后，就需要进行渲染并输出，渲染输出的好坏直接影响影片的质量。若渲染输出得成功，那么影片在不同的媒介设备上都能得到很好的播放效果。本章主要讲解After Effects中的渲染与输出功能。通过对本章内容的学习，读者可以掌握渲染与输出的方法和技巧。

**学习目标**

●掌握渲染的设置方法
● 熟悉输出的方法和形式

# 11.1 渲染

渲染在整个影视制作过程中是相当关键的一步，即使前面制作得再精妙，如果渲染不成功，也会直接导致操作失败，渲染方式影响着影片最终呈现出的效果。

After Effects可以将合成项目渲染输出成视频文件、音频文件或者序列图片等。输出的方式包括两种：一种是选择"文件 > 导出"命令直接输出单个的合成项目；另一种是选择"合成 > 添加到渲染队列"命令，将一个或多个合成项目添加到"渲染队列"面板中，逐一批量输出，如图11-1所示。

图11-1

其中，通过"文件 > 导出"命令输出时，可选择的格式和解码方式较少；通过"渲染队列"面板进行输出，可以进行非常高级的专业控制，并支持多种格式和解码方式。因此，这里主要探讨如何使用"渲染队列"面板进行输出。

## 11.1.1 "渲染队列"面板

在"渲染队列"面板中可以控制整个渲染进程，调整各个合成项目的渲染顺序，设置每个合成项目的渲染质量、输出格式和路径等。在添加新的项目到渲染队列时，"渲染队列"面板将自动打开，如果不小心关闭，也可以通过"窗口 > 渲染队列"命令，或按Ctrl+Alt+0快捷键，再次打开此面板。

单击"当前渲染"左侧的展开按钮▶，显示的信息如图11-2所示，主要包括当前正在渲染的合成项目的进度、正在执行的操作、已用时间、估计大小、剩余时间、可用空间等。

图11-2

渲染队列区域如图11-3所示。

图11-3

需要渲染的合成项目将逐一排列在渲染队列里，在此，可以设置"渲染设置"、"输出模块"（如输出模式、格式和解码方式等）、"输出到"（文件名和路径）等选项。

渲染：是否进行渲染操作，只有勾选了的合成项目才会被渲染。

：选择标签颜色，用于区分不同类型的合成项目，方便用户识别。

#：队列序号，决定渲染的顺序，可以将合成项目上下拖曳到目标位置，以改变其先后顺序。

合成名称：合成项目的名称。

状态：当前状态。

已启动：渲染开始的时间。

渲染时间：渲染所花费的时间。

单击各选项左侧的展开按钮 展开具体的设置信息，如图11-4所示。单击各选项右侧的下拉按钮 ，在弹出的下拉菜单中可以选择已有的预设，单击当前预设标题，可以打开具体的预设对话框。

图11-4

## 11.1.2 渲染设置选项

渲染设置的方法：单击"渲染设置"下拉按钮 右侧的"最佳设置"文字，弹出"渲染设置"对话框，如图11-5所示。

（1）合成项目质量设置区域如图11-6所示。

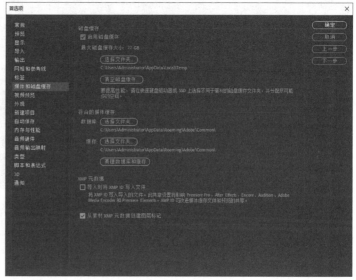

图11-5　　　　　　　　　　　　　　　　图11-6

品质：用于设置图层质量，其中包括4个选项，"当前设置"选项表示采用各图层当前设置，即根据"时间轴"面板中各图层属性开关面板中的图层画质设定而定；"最佳"选项表示全部采用最高的质量（忽略各图层的质量设置）；"草图"选项表示全部采用粗略质量（忽略各图层的质量设置）；"线框"选项表示全部采用线框模式（忽略各图层的质量设置）。

分辨率：像素采样质量，其中包括完整、二分之一、三分之一和四分之一等选项；另外，用户还可以选择"自定义"选项，在弹出的"自定义分辨率"对话框中自定义分辨率。

磁盘缓存：指定是否采用"编辑 > 首选项 > 媒体和磁盘缓存"命令中的内存缓存设置，如图11-7所示。如果选择"只读"，则表示不采用当前"首选项"里的设置，而且在渲染过程中，不会有任何新的帧被写入内存缓存中。

图11-7

代理使用：指定是否使用代理素材。其中，"当前设置"选项表示采用"项目"面板中各素材当前的设置，"使用所有代理"选项表示全部使用代理素材进行渲染，"仅使用合成的代理"选项表示只对合成项目使用代理素材，"不使用代理"选项表示全部不使用代理素材。

效果：指定是否采用效果。其中，"当前设置"选项表示采用"时间轴"面板中各个效果当前的设置；"全部开启"选项表示启用所有的效果，即使某些效果 [6] 暂时处于关闭的状态；"全部关闭"选项表示关闭所有效果。

独奏开关：指定是否只渲染"时间轴"面板中"独奏"开关 [■] 开启的图层，如果设置为"全部关闭"则代表不考虑独奏开关。

引导层：指定是否只渲染参考图层。

颜色深度：选择色深，如果是标准版的After Effects则设有"每通道8位""每通道16位""每通道32位"这3个选项。

（2）"时间采样"设置区域如图11-8所示。

图11-8

帧混合：指定是否采用"帧混合"模式。其中，"当前设置"选项表示根据当前"时间轴"面板中的"帧混合开关" [■] 的状态和各个图层的"帧混合模式" [■] 的状态，决定是否使用帧混合功能；"对选中图层打开"选项表示忽略"帧混合开关" [■] 的状态，对所有设置了"帧混合模式" [■] 的图层应用帧混合功能；如果设置为"对所有图层关闭"，则表示不启用帧混合功能。

场渲染：指定是否采用场渲染方式。其中，"关"选项表示渲染成不含场的视频影片，"高场优先"选项表示渲染成上场优先的含场的视频影片，"低场优先"选项表示渲染成下场优先的含场的视频影片。

3：2 Pulldown：指定3：2下拉的引导相位法。

运动模糊：指定是否采用运动模糊。其中，"当前设置"选项表示根据当前"时间轴"面板中"运动模糊开关" [■] 的状态和各个图层"运动模糊" [●] 的状态，决定是否使用动态模糊功能；"对选中图层打开"选项表示忽略"运动模糊开关" [●] 的状态，对所有设置了"运动模糊" [■] 的图层应用运动模糊效果；如果设置为"对所有图层关闭"，则表示不启用动态模糊功能。

时间跨度：定义当前合成项目的渲染时间范围。其中，"合成长度"选项表示渲染整个合成项目，也就是合成项目设置了多长的持续时间，输出的影片就有多长时间；"仅工作区域"选项表示根据时间线中设置的工作环境范围来设定渲染的时间范围（按B键，工作范围开始；按N键，工作范围结束）；"自定义"选项表示自定义渲染的时间范围。

使用合成的帧速率：使用合成项目中设置的帧速率。

使用此帧速率：使用此处设置的帧速率。

（3）"选项"设置区域如图11-9所示。

图11-9

跳过现有文件（允许多机渲染）：勾选此复选框将自动忽略已存在的序列图片，也就是忽略已经渲染过的序列图片，此功能主要用在网络渲染中。

## 11.1.3 输出组件设置

渲染设置完成后，就可以开始进行输出组件设置了，主要是设定输出的格式和解码方式等。单击"输出模块"下拉按钮■右侧的"无损"文字，弹出"输出模块设置"对话框，如图11-10所示。

（1）基础设置区域如图11-11所示。

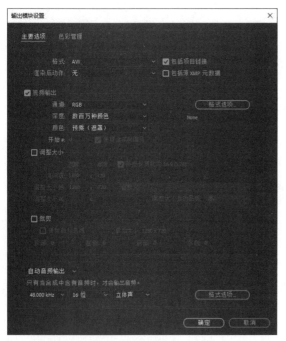

图11-10

图11-11

格式：用于设置输出文件的格式，包括QuickTime Movie、AVI等视频格式，以及JPEG序列等序列图片格式、WAV等音频格式。

渲染后动作：指定After Effects是否使用刚渲染的文件作为素材或者代理素材。其中，"导入"选项表示渲染完成后自动将刚渲染的文件作为素材置入当前项目中；"导入和替换用法"选项表示渲染完成后将刚渲染的文件自动置入项目中以替代合成项目（包括这个合成项目被嵌入其他合成项目中的情况）；"设置代理"选项表示渲染完成后将刚渲染的文件作为代理素材置入项目中。

（2）视频设置区域如图11-12所示。

图11-12

视频输出：控制是否输出视频信息。

通道：用于选择输出的通道，包括"RGB"（3个色彩通道）、"Alpha"（仅输出Alpha通道）和"RGB+ Alpha"（3个色彩通道和Alpha通道）3个选项。

深度：用于选择颜色深度。

颜色：指定输出的视频包含的Alpha通道为哪一种模式，如"直通（无遮罩）"模式还是"预乘（遮罩）"模式。

开始#：当输出的格式选择的是序列图片时，在这里可以指定序列图片的序列数。为了将来识别方便，也可以勾选"使用合成帧编号"复选框，让输出的序列图片的序列数就是其帧数字。

格式选项：用于选择视频的编码方式。虽然之前确定了输出的格式，但是每种文件格式中又有多种编码方式，编码方式的不同会生成质量完全不同的影片，最后产生的文件量也会有所不同。

调整大小：控制是否对画面进行缩放处理。

调整大小到：设置缩放的具体尺寸，也可以从右侧的预设列表中选择。

调整大小后的品质：用于选择缩放质量。

锁定长宽比为：控制是否强制长宽比为特殊比例。

裁剪：控制是否裁切画面。

使用目标区域：仅采用由"合成"面板中的"目标区域"工具▣确定的画面区域。

顶部、左侧、底部、右侧：这4个选项分别设置上、左、下、右4个区域中被裁切掉的像素尺寸。

（3）音频设置区域如图11-13所示。

图11-13

音频输出：是否输出音频信息。

格式选项：音频的编码方式，也就是用什么压缩方式压缩音频信息。

音频质量设置：可以设置声音的采样频率、位、立体声或单声道。

## 11.1.4 渲染和输出的模板

虽然After Effects已经提供了众多的渲染设置和输出预设，但可能还是不能满足更多的个性化需求。用户可以将常用的一些设置存储为自定义的预设，以后进行输出操作时，就不需要一遍遍地反复设置了，只需单击下拉按钮▓，在弹出的下拉列表中进行选择。

打开"渲染设置模板"和"输出模块模板"对话框的命令分别是"编辑 > 模板 > 渲染设置"和"编辑 > 模板 > 输出模块"，对话框内容如图11-14和图11-15所示。

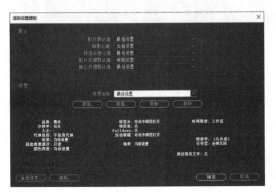

图11-14                    图11-15

## 11.1.5 编码和解码问题

完全不压缩的视频和音频的数据量是非常庞大的，因此在输出时需要通过特定的压缩技术对数据进行压缩处理，以减小最终的文件量，便于传输和存储。这就需要在输出时选择恰当的编码器，播放时使用同样的解码器解压还原画面。

目前视频流传输中最为重要的编码标准有国际电信联盟的H.261、H.263等，运动静止图像专家组的M-JPEG和国际标准化组织运动图像专家组的MPEG系列标准。此外，互联网上被广泛应用的还有Real-Networks的RealVideo、苹果公司的QuickTime等。

就文件的格式来讲，AVI是微软公司的Windows操作系统中的通用视频格式，现在流行的编码和解码方式有XviD、MPEG-4、DivX、Microsoft DV等；MOV是苹果公司的QuickTime视频格式，比较流行的编码和解码方式有MPEG-4、H.263、Sorenson Video等。

输出时，最好选择广泛应用的编码器和文件格式，或者是目标客户平台共有的编码器和文件格式，否则，在其他播放环境中播放时，会因为缺少解码器或相应的播放器而无法看见视频画面或者听到声音。

# 11.2　输出

可以将设计制作好的视频进行多种方式的输出，如输出标准视频、输出合成项目中的某一帧等。下面具体介绍视频的输出方法和形式。

## 11.2.1　标准视频的输出方法

（1）在"项目"面板中选择需要输出的合成项目。

（2）选择"合成 > 添加到渲染队列"命令，或按Ctrl+M快捷键，将合成项目添加到渲染队列中。

（3）在"渲染队列"面板中进行渲染属性、输出格式和输出路径的设置。

（4）单击"渲染"按钮开始渲染，如图11-16所示。

图11-16

如果需要将此合成项目渲染成多种格式或者让其支持多种解码方式，可以在第（3）步之后，选择"图像合成 > 添加输出组件"命令，添加输出格式和指定另一个输出文件的保存路径以及名称，这样可以方便地做到一次创建，任意发布。

## 11.2.2　输出合成项目中的某一帧

（1）在"时间轴"面板中移动当前时间标签到目标帧处。

（2）选择"合成 > 帧另存为 > 文件"命令，或按Ctrl+Alt+S快捷键，添加渲染任务到"渲染队列"面板中。

（3）单击"渲染"按钮开始渲染。

另外，如果选择"合成 > 帧另存为 > Photoshop图层"命令，将直接打开文件存储对话框，设置好保存路径和文件名即可完成单帧画面的输出。

# 第 12 章

# 商业案例实训

**本章介绍**

本章结合两个综合案例，通过案例分析、案例设计、案例制作等流程进一步详解After Effects的强大功能。通过学习本章的案例，读者可以掌握视频效果的应用和软件的其他技术要点，设计制作出专业的作品。

**学习目标**

● 掌握After Effects的综合应用

● 熟练掌握各个效果的功能

**技能目标**

● 掌握"房地产广告"的制作方法

● 掌握"茶艺节目片头"的制作方法

# 12.1　制作房地产广告

## 12.1.1 项目背景及设计要求

**❶ 客户名称**

水墨人家房地产有限公司

**❷ 客户需求**

　　水墨人家是一家以民生地产、文化旅游、健康养生为主的房地产有限公司，业务涉及新房、二手房、租房、家居等。本例要求为该公司的新楼盘设计一则广告作为推广使用。要求能够体现出新楼盘丰富多变的设计风格。

**❸ 设计要求**

（1）要求将房屋作为设计主体，体现出宣传的主体。

（2）设计风格要简洁、直观，让人一目了然，具有亲切感。

（3）标志的设计要醒目、突出，达到宣传的目的。

（4）设计形式多样，在细节的处理上要求细致、独特。

（5）设计规格为1280 像素（宽）×720 像素（高），像素纵横比为1：1，帧速率为25帧/秒。

## 12.1.2 项目创意及制作要点

**❶ 设计素材**

素材所在位置：Ch12\制作房地产广告\(Footage)\ 01.jpg ~ 06.png。

**❷ 设计作品**

设计作品所在位置：Ch12\制作房地产广告\制作房地产广告.aep。效果如图12-1所示。

**❸ 制作要点**

　　使用"位置"属性制作背景动画效果，使用图层入点控制素材的入场时间，使用"曲线"命令调整图像的亮度，使用"蒙版"命令制作文字动画效果。

图12-1

# 12.1.3 案例制作步骤

## 1. 合成广告背景

**01** 按Ctrl+N快捷键，弹出"合成设置"对话框，在"合成名称"文本框中输入"最终效果"，其他选项的设置如图12-2所示，单击"确定"按钮，创建一个新的合成"最终效果"。选择"文件 > 导入 > 文件"命令，弹出"导入文件"对话框，选择学习资源中的"Ch12 \制作房地产广告\ (Footage) \ 01.jpg～06.png"文件，单击"导入"按钮，导入文件到"项目"面板中，如图12-3所示。

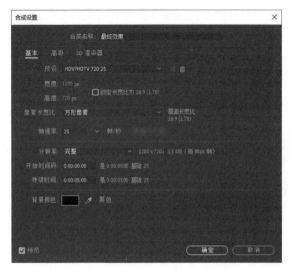

图12-2                    图12-3

**02** 在"项目"面板中选中"01.jpg"文件，并将其拖曳到"时间轴"面板中，按P键展开"位置"属性，设置"位置"为870.7,383.0，如图12-4所示。"合成"面板中的效果如图12-5所示。

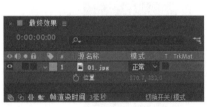

图12-4                    图12-5

**03** 保持时间标签在0:00:00:00的位置，单击"位置"选项左侧的"关键帧自动记录器"按钮 ⬚，如图12-6所示，记录第1个关键帧。将时间标签放置在0:00:04:24的位置，在"时间轴"面板中设置"位置"为413.1,383.0，如图12-7所示，记录第2个关键帧。

图12-6                          图12-7

**04** 在"项目"面板中选中"04.png"文件，并将其拖曳到"时间轴"面板中，按P键展开"位置"属性，设置"位置"为666.0,659.7；按住Shift键的同时，按S键展开"缩放"属性，设置"缩放"为120.0%,120.0%，如图12-8所示。"合成"面板中的效果如图12-9所示。

图12-8                          图12-9

**05** 将时间标签放置在0:00:00:15的位置，选中"04.png"图层，按Alt+ [ 快捷键设置动画的入点，如图12-10所示。

图12-10

**06** 在"项目"面板中选中"02.png"文件，并将其拖曳到"时间轴"面板中，按P键展开"位置"属性，设置"位置"为448.8,498.7；按住Shift键的同时，按S键展开"缩放"属性，设置"缩放"为137.0%,137.0%，如图12-11所示。"合成"面板中的效果如图12-12所示。

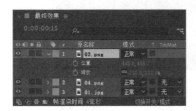

图12-11 　　　　　　　　　　　　　　　　图12-12

**07** 将时间标签放置在0:00:00:05的位置，选中"02.png"图层，按Alt+﹝快捷键设置动画的入点，如图12-13所示。

图12-13

**08** 选择"效果 > 颜色校正 > 曲线"命令，在"效果控件"面板中进行设置，如图12-14所示。"合成"面板中的效果如图12-15所示。

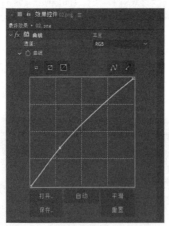

图12-14 　　　　　　　　　　　　　　　　图12-15

### 2. 制作文字蒙版动画

**01** 在"项目"面板中选中"03.png"文件，并将其拖曳到"时间轴"面板中，按P键展开"位置"属性，设置"位置"为230.8,669.9；按住Shift键的同时，按S键展开"缩放"属性，设置"缩放"为120.0%,120.0%，如图12-16所示。"合成"面板中的效果如图12-17所示。

图12-16　　　　　　　　　　　　　图12-17

**02** 将时间标签放置在0:00:00:10的位置，选中"03.png"图层，按Alt+ [ 快捷键设置动画的入点，如图12-18所示。

图12-18

**03** 在"项目"面板中选中"06.png"文件，并将其拖曳到"时间轴"面板中，按P键展开"位置"属性，设置"位置"为644.1,169.4；按住Shift键的同时，按S键展开"缩放"属性，设置"缩放"为178.0%,178.0%，如图12-19所示。"合成"面板中的效果如图12-20所示。

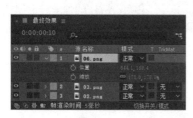

图12-19　　　　　　　　　　　　　图12-20

**04** 在"项目"面板中选中"05.png"文件，并将其拖曳到"时间轴"面板中，按P键展开"位置"属性，设置"位置"为894.0,233.0；按住Shift键的同时，按S键展开"缩放"属性，设置"缩放"为120.0%,120.0%，如图12-21所示。"合成"面板中的效果如图12-22所示。

图12-21                                     图12-22

**05** 选中"05.png"图层，选择椭圆工具 ⬭ ，按住Shift键在"合成"面板中绘制一个圆形蒙版，如图 12-23所示。按两次M键展开"蒙版"属性，保持时间标签在0:00:00:10的位置，单击"蒙版扩展"选 项左侧的"关键帧自动记录器"按钮 ⏱ ，如图12-24所示，记录第1个关键帧。

图12-23                                     图12-24

**06** 将时间标签放置在0:00:00:16的位置，在"时间轴"面板中设置"蒙版扩展"为230.0像素，如图 12-25所示，记录第2个关键帧。房地产广告制作完成，效果如图12-26所示。

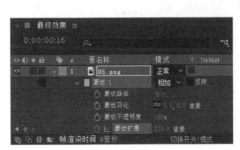

图12-25                                     图12-26

# 课堂练习1——制作寻花之旅纪录片

## 项目背景及设计要求

**❶ 客户名称**

喵喵影视

**❷ 客户需求**

　　喵喵影视是一家影视公司，经营范围包括制作并发行纪录片、宣传片、动漫电影等。该公司现策划了一部寻花之旅纪录片，以不同地域的花卉为主，要求在体现出地方特色的同时体现出节目的性质及特点。

**❸ 设计要求**

（1）设计风格要求直观、醒目，展现自然之美。

（2）图文搭配要合理，让画面显得既合理又美观。

（3）颜色对比强烈，能直观地展示节目的性质。

（4）设计规格为1280 像素（宽）×720 像素（高），像素纵横比为1：1，帧速率为25帧/秒。

## 项目创意及制作要点

**❶ 设计素材**

素材所在位置：Ch12\制作寻花之旅纪录片\(Footage)\01.mp4 ~ 06.png。

**❷ 设计作品**

设计作品所在位置：Ch12\制作寻花之旅纪录片\制作寻花之旅纪录片.aep。效果如图12-27所示。

**❸ 制作要点**

　　使用"位置"属性设置视频的位置，使用横排文字工具、"字符"面板添加并编辑文字，使用"不透明度"属性制作文字的渐隐效果。

图12-27

# 课堂练习2——制作草原美景相册

## 项目背景及设计要求

### ❶ 客户名称

卡嘻摄影工作室

### ❷ 客户需求

　　卡嘻摄影工作室是一家比较有实力的摄影工作室，该工作室擅长捕捉精美的瞬间，注重艺术性和个性的表达。该工作室现需要制作草原美景相册，要求突出草原独特的人文风光。

### ❸ 设计要求

（1）相册要具有极强的表现力。

（2）使用颜色和效果烘托出美丽的景色。

（3）设计要求富有创意，体现出多姿多彩的草原生活。

（4）设计规格为1280 像素（宽）×720 像素（高），像素纵横比为1：1，帧速率为25帧/秒。

## 项目创意及制作要点

### ❶ 设计素材

素材所在位置：Ch12\制作草原美景相册\(Footage)\01.jpg ~ 04.png。

### ❷ 设计作品

设计作品所在位置：Ch12\制作草原美景相册\制作草原美景相册.aep。效果如图12-28所示。

### ❸ 制作要点

　　使用"位置"属性制作图片位移动画效果，使用"缩放"属性制作图片缩放动画效果。

图12-28

# 课后习题1——制作端午节宣传片

## 项目背景及设计要求

### ❶ 客户名称

时尚生活电视台

### ❷ 客户需求

　　时尚生活电视台是全方位介绍人们的衣、食、住、行等资讯的时尚生活类电视台。在端午节来临之际，要求制作端午节宣传片，要求体现出端午节的特点和丰富多彩的娱乐活动。

### ❸ 设计要求

（1）要求以粽子、竹子等为画面主体，体现宣传片的主题。

（2）设计形式要简洁、明晰，能表现宣传主题。

（3）颜色对比强烈，能直观地展示节目的性质。

（4）设计规格为1280 像素（宽）×720 像素（高），像素纵横比为1：1，帧速率为25帧/秒。

## 项目创意及制作要点

### ❶ 设计素材

素材所在位置：Ch12\制作端午节宣传片\(Footage)\01.jpg ~ 11.mp3。

### ❷ 设计作品

设计作品所在位置：Ch12\制作端午节宣传片\制作端午节宣传片.aep。效果如图12-29所示。

### ❸ 制作要点

　　使用"导入"命令导入素材文件，使用"位置"属性、"不透明度"属性制作动画效果，使用"卡片擦除"命令制作图像过渡效果。

图12-29

# 课后习题2——制作新年宣传片

## 项目背景及设计要求

### ❶ 客户名称

创维有限公司

### ❷ 客户需求

创维有限公司是一家电商用品零售企业，贩售平整式包装的家具、配件、浴室和厨房用品等。现因春节即将来临，需要制作一个新年宣传片，用于线上传播，以便与合作伙伴以及公司员工联络感情和互致问候。要求具有温馨的祝福语言、浓郁的民俗色彩，以及传统的节日特色，能够充分表达本公司的祝福与问候。

### ❸ 设计要求

（1）要求运用传统民俗的风格，既传统又具有现代感。

（2）要求使用直观、醒目的文字来诠释宣传内容，表现宣传主题。

（3）使用具有春节特色的元素装饰画面，营造热闹的气氛。

（4）画面版式沉稳且富有变化。

（5）设计规格为1280 像素（宽）×720 像素（高），像素纵横比为1∶1，帧速率为25帧/秒。

## 项目创意及制作要点

### ❶ 设计素材

素材所在位置：Ch12\制作新年宣传片\(Footage)\01.png ~ 14.mp3。

### ❷ 设计作品

设计作品所在位置：Ch12\制作新年宣传片\制作新年宣传片.aep。效果如图12-30所示。

### ❸ 制作要点

使用"导入"命令导入素材文件，使用横排文字工具和"效果和预设"面板制作文字动画效果，使用"位置"属性、"不透明度"属性、"旋转"属性和"缩放"属性制作动画效果。

图12-30

# 12.2　制作茶艺节目片头

## 12.2.1　项目背景及设计要求

**❶ 客户名称**

茶说

**❷ 客户需求**

茶是一种天然饮品，且具有一定的营养价值。《茶说》是一部探索茶文化的纪实类纪录片，以8个小节记录了茶的种类、历史、茶艺知识等相关内容，致力于为观众呈现丰富、饱满的茶艺世界。现要求为此节目制作片头，要求具有特色，能够体现节目的性质及特点。

**❸ 设计要求**

（1）要求内容突出，重点宣传此节目的内容。

（2）画面色彩搭配适宜，符合茶文化的特点。

（3）要求整体对比强烈，能迅速吸引人们的注意。

（4）设计规格为1280 像素（宽）×720 像素（高），像素纵横比为1∶1，帧速率为25帧/秒。

## 12.2.2　项目创意及制作要点

**❶ 设计素材**

素材所在位置：Ch12\制作茶艺节目片头\(Footage)\01.jpg ~ 06.png。

**❷ 设计作品**

设计作品所在位置：Ch12\制作茶艺节目片头\制作茶艺节目片头.aep。效果如图12-31所示。

**❸ 制作要点**

使用"不透明度"属性、"位置"属性、"缩放"属性制作动画效果，使用"颜色键"命令、"色阶"命令调整图片色调，使用椭圆工具、"蒙版"属性制作文字动画效果。

图12-31

## 12.2.3 案例制作步骤

**01** 按Ctrl+N快捷键，弹出"合成设置"对话框，在"合成名称"文本框中输入"最终效果"，其他选项的设置如图12-32所示，单击"确定"按钮，创建一个新的合成"最终效果"。选择"文件 > 导入 > 文件"命令，弹出"导入文件"对话框，选择学习资源中的"Ch12\制作茶艺节目片头\ (Footage) \ 01.jpg ~ 06.png"文件，单击"导入"按钮，导入文件到"项目"面板中，如图12-33所示。

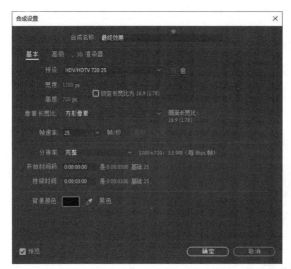

图12-32                                    图12-33

**02** 在"项目"面板中选中"01.jpg"和"02.mov"文件，并将它们拖曳到"时间轴"面板中，图层的排列顺序如图12-34所示。"合成"面板中的效果如图12-35所示。

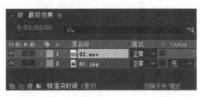

图12-34                                    图12-35

**03** 选中"02.mov"图层，按T键展开"不透明度"属性，设置"不透明度"为36%，如图12-36所示。"合成"面板中的效果如图12-37所示。

图12-36　　　　　　　　　　　　　　　　图12-37

**04** 在"项目"面板中选中"03.png"文件，并将其拖曳到"时间轴"面板中，按P键展开"位置"属性，设置"位置"为821.3,360.0；按住Shift键的同时，分别按S键和T键，展开"缩放"属性和"不透明度"属性，设置"缩放"为120.0%,120.0%，"不透明度"为0%。单击"不透明度"选项左侧的"关键帧自动记录器"按钮，如图12-38所示，记录第1个关键帧。

**05** 将时间标签放置在0:00:00:02的位置，在"时间轴"面板中单击"不透明度"选项左侧的"在当前时间添加或移除关键帧"按钮，如图12-39所示，记录第2个关键帧。用相同的方法在0:00:00:04和0:00:00:06的位置添加关键帧，如图12-40所示。

图12-38　　　　　　　　　　　　　　　　图12-39

图12-40

**06** 将时间标签放置在0:00:00:01的位置，在"时间轴"面板中设置"不透明度"为100%，如图12-41所示，记录1个关键帧。用相同的方法分别在0:00:00:03、0:00:00:05和0:00:00:07的位置添加一个关键帧，如图12-42所示。

中文版 After Effects 2022 基础培训教程

图12-41

图12-42

**07** 将时间标签放置在0:00:00:09的位置，在"项目"面板中选中"04.png"文件，并将其拖曳到"时间轴"面板中，按P键展开"位置"属性，设置"位置"为−258.3,148.0，单击"位置"选项左侧的"关键帧自动记录器"按钮◙，如图12-43所示，记录第1个关键帧。

**08** 将时间标签放置在0:00:00:14的位置，在"时间轴"面板中设置"位置"为253.7,148.0，如图12-44所示，记录第2个关键帧。

图12-43

图12-44

**09** 将时间标签放置在0:00:00:09的位置，在"项目"面板中选中"05.png"文件，并将其拖曳到"时间轴"面板中，按P键展开"位置"属性，设置"位置"为1411.6,184.0；按住Shift键的同时，按S键展开"缩放"属性，设置"缩放"为126.0%,126.0%；单击"位置"选项左侧的"关键帧自动记录器"按钮◙，如图12-45所示，记录第1个关键帧。

**10** 将时间标签放置在0:00:00:14的位置，在"时间轴"面板中设置"位置"为1157.6,184.0，如图12-46所示，记录第2个关键帧。

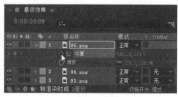

图12-45

图12-46

**11** 选中"05.png"图层，选择"效果 > 过时 > 颜色键"命令，在"效果控件"面板中单击"主色"

选项右侧的吸管工具██，如图12-47所示。在"合成"面板中的茶叶周围单击以吸取颜色，如图12-48
所示。

图12-47　　　　　　　　　　　　图12-48

**12** 在"效果控件"面板中进行设置，如图12-49所示。"合成"面板中的效果如图12-50所示。

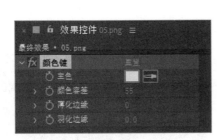

图12-49　　　　　　　　　　　　图12-50

**13** 选择"效果 > 颜色校正 > 色阶"命令，在"效果控件"面板中进行设置，如图12-51所示。"合
成"面板中的效果如图12-52所示。

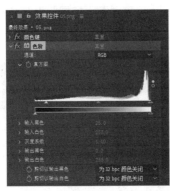

图12-51　　　　　　　　　　　　图12-52

**14** 在"项目"面板中选中"06.png"文件，并将其拖曳到"时间轴"面板中，按P键展开"位置"
属性，设置"位置"为409.6,489.8；按住Shift键的同时，按S键展开"缩放"属性，设置"缩放"为
120.0%,120.0%，如图12-53所示。"合成"面板中的效果如图12-54所示。

图12-53　　　　　　　　　　　　　　　图12-54

**15** 将时间标签放置在0:00:01:00的位置，选择椭圆工具◎，按住Shift键在"合成"面板中拖曳鼠标绘制一个圆形蒙版，如图12-55所示。按两次M键展开"蒙版"属性，单击"蒙版扩展"选项左侧的"关键帧自动记录器"按钮◎，如图12-56所示，记录第1个关键帧。

图12-55　　　　　　　　　　　　　　　图12-56

**16** 将时间标签放置在0:00:01:07的位置，在"时间轴"面板中设置"蒙版扩展"为150.0像素，如图12-57所示，记录第2个关键帧。茶艺节目片头制作完成，效果如图12-58所示。

图12-57　　　　　　　　　　　　　　　图12-58

# 课堂练习1——制作爱上美食栏目

## 项目背景及设计要求

**❶ 客户名称**

食不语

**❷ 客户需求**

食不语是一档以介绍做菜方法与技巧、食材处理方法和交流做菜体会等为主要内容的栏目。现在要为爱上美食栏目制作片头，要求符合主题，体现出健康、美味的特点。

**❸ 设计要求**

（1）要求具有动感，展现出年轻、时尚的朝气。

（2）使用浅色、明亮的背景，表现出美食的诱惑力。

（3）文字与配图整体搭配要得当，内容丰富、饱满。

（4）整体风格要具有感染力。

（5）以展现不同的美食为主要内容。

（6）使用暖色的底图烘托出明亮、健康、美味的氛围。

（7）设计规格为1280 像素（宽）×720 像素（高），像素纵横比为1∶1，帧速率为25帧/秒。

## 项目创意及制作要点

**❶ 设计素材**

素材所在位置：Ch12\制作爱上美食栏目\(Footage)\01.mp4 ~ 04.psd。

**❷ 设计作品**

设计作品所在位置：Ch12\制作爱上美食栏目\制作爱上美食栏目.aep。效果如图12-59所示。

**❸ 制作要点**

使用"时间轴"面板控制动画的入点和出点，使用"缩放"属性、"旋转"属性、"不透明度"属性制作美食动画效果，使用"纯色"命令新建一个纯色图层，使用椭圆工具和"蒙版"属性制作美食蒙版效果。

图12-59

# 课堂练习2——制作马术表演短片

## 项目背景及设计要求

**❶ 客户名称**

时尚生活电视台

**❷ 客户需求**

时尚生活电视台是一个全方位介绍人们的衣、食、住、行等资讯的时尚生活类电视台。现电视台新增了运动健身栏目，要求制作一个马术表演宣传短片，体现出马术运动带给人们的刺激与快乐。

**❸ 设计要求**

（1）要求以马术表演为主要内容。

（2）设计风格应简洁、大气，能够让人一目了然。

（3）画面构图要合理，让画面显得既合理又美观。

（4）设计风格统一、有连续性，能直观地表现宣传主题。

（5）设计规格为1280 像素（宽）×720 像素（高），像素纵横比为1：1，帧速率为25帧/秒。

## 项目创意及制作要点

**❶ 设计素材**

素材所在位置：Ch12\制作马术表演短片\(Footage)\01.jpg ~ 03.avi。

**❷ 设计作品**

设计作品所在位置：Ch12\制作马术表演短片\制作马术表演短片.aep。效果如图12-60所示。

**❸ 制作要点**

使用横排文字工具输入文字；使用"3D向下盘旋和展开"效果预设制作文字动画，使用"高斯模糊"命令制作背景图，使用"梯度渐变""投影""CC Light Sweep"命令制作文字合成效果。

图12-60

# 课后习题1——制作探索太空栏目

## 项目背景及设计要求

### ❶ 客户名称

赏珂文化传媒有限公司

### ❷ 客户需求

　　探索太空栏目是一档探索太空奥秘的电视栏目，以直观的形式演绎太空的变幻莫测。要求为该档栏目制作一个宣传片，表现出太空的神秘感和科技感。

### ❸ 设计要求

（1）设计风格要直观、醒目，充满现代感。

（2）图文搭配要合理，让画面显得既合理又美观。

（3）整体设计要能够彰显出科技的魅力。

（4）设计规格为1280 像素（宽）×720 像素（高），像素纵横比为1∶1，帧速率为25帧/秒。

## 项目创意及制作要点

### ❶ 设计素材

素材所在位置：Ch12\制作探索太空栏目\(Footage)\01.jpg和02.aep。

### ❷ 设计作品

设计作品所在位置：Ch12\制作探索太空栏目\制作探索太空栏目.aep。效果如图12-61所示。

### ❸ 制作要点

　　使用"CC Star Burst"命令制作星空效果，使用"发光"命令、"摄像机镜头模糊"命令、"蒙版"命令制作地球和太阳动画效果，使用"填充"命令、"斜面Alpha"命令制作文字动画效果。

图12-61

# 课后习题2——制作早安城市纪录片

## 项目背景及设计要求

**❶ 客户名称**

甜橙电视台

**❷ 客户需求**

　　甜橙是一家地方电视台，提供多个频道的直播、点播、节目预告等服务，囊括电影、电视剧、纪录片、动画片、体育赛事等多档节目，且在每周六都会播出具有特色的地方宣传片。现需要制作一部以"早安城市"为主题的纪录片，要求体现出欣欣向荣、朝气蓬勃的气氛，让观众了解到城市的魅力，从而提升幸福感。

**❸ 设计要求**

（1）突出宣传主体，能表现出纪录片的特色。

（2）画面色彩要对比强烈，能抓住人们的视线。

（3）视觉效果突出，能够引起观众的共鸣。

（4）设计规格为1280 像素（宽）×720 像素（高），像素纵横比为1∶1，帧速率为25帧/秒。

## 项目创意及制作要点

**❶ 设计素材**

素材所在位置：Ch12\制作早安城市纪录片\(Footage)\01.mp4和02.mp4。

**❷ 设计作品**

设计作品所在位置：Ch12\制作早安城市纪录片\制作早安城市纪录片.aep。效果如图12-62所示。

**❸ 制作要点**

　　使用横排文字工具和"字符"面板输入并编辑文字，使用"位置"属性和"不透明度"属性制作文字动画效果，使用"照片滤镜"命令和"色阶"命令调整视频色调，使用"缩放"属性制作文字动画效果。

图12-62